Herbert Budzikiewicz
Mathias Schäfer

Massenspektrometrie

Beachten Sie bitte auch weitere interessante Titel unseres Buchprogramms

H. Günzler, H.-U. Gremlich

IR-Spektroskopie
Eine Einführung

4. Auflage 2003,
ISBN 3-527-30801-6

B. Kolb

Gaschromatographie in Bildern
Eine Einführung

2. Auflage 2002,
ISBN 3-527-30687-0

M. Otto

Analytische Chemie

2. Auflage 2000,
ISBN 3-527-29840-1

W. Schmidt

Optische Spektroskopie
Eine Einführung

2. Auflage 2000,
ISBN 3-527-29828-2

H. Friebolin

Ein- und zweidimensionale NMR Spektroskopie
Eine Einführung

3. Auflage 1999,
ISBN 3-527-29514-3

Herbert Budzikiewicz, Mathias Schäfer

Massenspektrometrie
Eine Einführung

Fünfte, vollständig überarbeitete
und aktualisierte Auflage

WILEY-
VCH

WILEY-VCH Verlag GmbH & Co. KGaA

Prof. Dr. Herbert Budzikiewicz

Universität zu Köln
Institut für Organische Chemie
Greinstraße 4
50939 Köln

Dr. Mathias Schäfer

Universität zu Köln
Institut für Organische Chemie
Greinstraße 4
50939 Köln

Originalausgabe
1. Auflage 1972
2. Auflage 1980

3. Auflage 1992
4. Auflage 1998

**Bibliografische Information
Der Deutschen Bibliothek**
Die Deutsche Bibliothek verzeichnet diese Publikation in der Deutschen Nationalbibliografie; detaillierte bibliografische Daten sind im Internet über http://dnb.ddb.de abrufbar.

Einbandgestaltung SCHULZ Grafik-Design, Fußgönheim
Satz K+V Fotosatz GmbH, Beerfelden

ISBN-13 978-3-527-30822-4
ISBN-10 3-527-30822-9

Inhaltsverzeichnis

Massenspektrometrie, Fünfte Auflage. H. Budzikiewicz, M. Schäfer
Copyright © 2005 WILEY-VCH Verlag GmbH & Co. KGaA, Weinheim
ISBN: 3-527-30822-9

Vorwort zur 5. Auflage

Als 1971 die erste Auflage dieses Buches entstand, konnte man sich in Hinblick auf Ionisierungsverfahren auf die Elektronenstoßionisation und auf der apparativen Seite auf Sektorfeldgeräte beschränken. In den Jahren danach kamen als neue Ionisierungsverfahren Chemische Ionisation, Plasmadesorption, Fast Atom Bombardment und insbesondere die verschiedenen Spray- sowie Laser-Desorptionsverfahren, die Zugang zu den höchsten Massenbereichen (Molmassen bis zu einer Million) gestatten, hinzu. Chemische Ionisation, Fast Atom Bombardment und insbesondere Plasmadesorption haben inzwischen wieder an Bedeutung verloren. Diese Verfahren werden dennoch kurz beschrieben, um das Verständnis älterer Literatur zu erleichtern. Im apparativen Bereich finden die Sektorfeldgeräte nur mehr beschränkt Anwendung; Quadrupolgeräte, Ionenfallen („ion traps") und Flugzeitgeräte sowie Kombinationen verschiedener Analysatoren beherrschen den Markt.

Diese Entwicklungen machen es nicht leicht, eine Neuauflage dieser „Einführung" vorzubereiten, ohne dabei den vorgegebenen Rahmen zu sprengen. Nach Absprache mit dem Verlag soll der ursprüngliche Zweck der Vorauflagen gewahrt bleiben, nämlich dem Studenten den Einstieg zu erleichtern (vgl. unten „Aus dem Vorwort zur 1. Auflage"). So sollte auch die 5. Auflage den Entwicklungen der letzten Jahre Rechnung tragen.

Breiten Raum nimmt nach wie vor die Diskussion des elektronenstoßinduzierten Zerfalls einfacher organischer Moleküle ein. Es ist hierbei die Korrelation von Struktur und Massenspektren am besten dokumentiert und inzwischen experimentell und theoretisch abgesichert. Auf diese Weise kann man sich mit den Gedankengängen, die der Interpretation von Massenspektren zugrunde liegen, und der Problematik der Methode am leichtesten vertraut machen und das so erworbene Wissen auf andere Techniken und Verfahren übertragen. Zwar kann man die Struktur einer Verbindung, über die nichts weiter bekannt ist, (abgesehen von

Massenspektrometrie, Fünfte Auflage. H. Budzikiewicz, M. Schäfer
Copyright © 2005 WILEY-VCH Verlag GmbH & Co. KGaA, Weinheim
ISBN: 3-527-30822-9

kleinen Molekülen) nur in seltenen Fällen aus dem Fragmentierungsmuster allein ableiten, man kann allerdings mit guter Aussicht auf Erfolg Strukturvorschläge bestätigen oder ablehnen sowie in Kombination mit anderen Methoden und Informationen Strukturaufklärung betreiben.

Massenspektrometer sind heute durchgehend mit Rechnern zur Steuerung und Auswertung der Messdaten ausgestattet und werden damit zunehmend zur „black box", d.h., Akquisition und Verarbeitung von Messdaten ist weitgehend der Kontrolle des Analytikers entzogen. Um so wichtiger ist es, dass er in der Lage ist zu erkennen, ob ein Ergebnis auch vernünftig ist, und zu wissen, wo Fehler liegen können. An mehreren Stellen des Buches wird darauf hingewiesen. Insbesondere muss mit aller Deutlichkeit vor einem blinden Vertrauen in Strukturvorschläge gewarnt werden, die ein Rechner durch Vergleich der erhaltenen Daten mit denen einer der kommerziellen Spektrensammlungen macht. Gerade hier wird das Beherrschen von Fragmentierungsregeln gute Dienste bei der Überprüfung leisten.

Gegenüber der 4. Auflage haben die „sanften" Ionisierungsverfahren breiteren Raum erhalten; Verfahren, die inzwischen an Bedeutung verloren haben, werden dafür kürzer behandelt. In einigen Bereichen wie z.B. der Berechnung der Isotopenverteilung (hier gibt es entsprechende Rechnerprogramme) wurden ebenfalls Kürzungen vorgenommen.

Ein Problem ist nach wie vor der Fachjargon und die Unsitte, Abkürzungen bzw. Akronyme (häufig Buchstabenkombinationen) ohne nähere Erläuterung zu verwenden (s. Kap. 13 und 14). Zwei Beispiele aus Ankündigungen auf einer Fachtagung: „CZE-MS and LC-MS interfaces for APCI" und „Sequencing peptides with CID/PDS MALDI-TOF". Wenn nach Durcharbeiten dieses Buches noch nicht klar ist, worum es dabei geht, am Ende von Abschnitt 17 findet sich die Lösung.

1974 und in überarbeiteter Form 1978 und 1991 sind „Recommendations for Symbolism and Nomenclature for Mass Spectroscopy" [1] erschienen. Die Entwicklungen der letzten Jahre würden eine weitere Überarbeitung sehr wünschenswert machen, da die Empfehlungen von 1991 z.T. noch geprägt sind von persönlichen Rücksichtnahmen und patentrechtlichen Namensproblemen, aber auch nicht immer konsistent in der Verwendung eigener Vorschläge. Notwendig wäre ein Eliminieren historisch-ehrwürdiger, aber überholter Termini und das Berücksichtigen von Ausdrücken, die inner- und außerhalb der Fachwissenschaft inzwischen zu festen Begriffen geworden sind. In der vorliegenden Einführung werden daher neben den in den „Recommendations 1991" empfohlenen

Ausdrücken auch solche (zumindest in Kap. 13 und 14) erwähnt, die häufiger in der Literatur anzutreffen sind.

Danken möchten wir Frau Dr. Ute Beyer (Darmstadt), den Herrn P. Christiansen (Bremen), Prof. Dr. J. Grotemeyer (Kiel), Prof. Dr. Th. Kruck und Dr. J. P. Loux (Köln) für Spektrenmaterial (Abb. 22, 35, 72, 76, 83), Prof. Dr. G. Spiteller (Bayreuth) für Abb. 41 sowie die Erlaubnis, aus seinem Buch „Massenspektroskopische Strukturanalyse organischer Verbindungen" die Abb. 4, 19, 27 und 40 zu übernehmen. Herrn M. Neihs (Köln) danken wir für technische Unterstützung.

Köln, im Januar 2005   H. Budzikiewicz
                                                       M. Schäfer

Aus dem Vorwort zur 1. Auflage

Dieser Band ist – der Zielsetzung der Reihe „Studienbücher der Instrumentellen Analytik" entsprechend – für den Chemiestudenten bestimmt, der am Anfang seiner Ausbildung steht und mit der Massenspektrometrie zum ersten Mal in Berührung kommt. Voraussetzungen für das Verständnis des Gebotenen sollen daher nur Grundkenntnisse der Chemie-Diplomausbildung sein. Darauf basierend wird versucht, die Grundlagen der Massenspektrometrie logisch aufzubauen. Für ein Verständnis späterer Kapitel ist es daher notwendig, dass das Buch systematisch durchgearbeitet wird. Auf diese Weise soll eine Grundlage für das Verständnis weiterführender Werke auf dem Gebiet der Massenspektrometrie geschaffen werden.

Einleitung

Massenspektrometrie ist ein wichtiger Bestandteil der instrumentellen Analytik. Es waren besonders die Anwendungsmöglichkeiten in der organischen Chemie, deren systematische Erforschung seit etwa 1960 die Massenspektrometrie zu einem wichtigen Hilfsmittel bei der Strukturermittlung selbst komplizierter Naturstoffe werden ließen. Insbesondere durch die Spray- und Laserdesorptionstechniken ist die Massenspektrometrie aus der Protein- und Nukleinsäurenanalytik nicht mehr wegzudenken. „Proteomics" beherrschen derzeit die Fachtagungen.

Obwohl die „organische" Massenspektrometrie zum Unterrichtsprogramm der Diplomstudiengänge gehört, besteht häufig Unklarheit darüber, was diese Methode eigentlich zu leisten vermag: Strukturermittlungen von komplizierten Alkaloiden oder Peptidsequenzen nur mit Hilfe eines Massenspektrums bei einem Substanzverbrauch von weit weniger als einem Milligramm steht z. B. das Unvermögen gegenüber, aus dem Massenspektrum die Struktur von trivial erscheinenden Kohlenwasserstoffen abzuleiten. Der Grund hierfür ist, dass sich der Zweig der Massenspektrometrie, der sich mit „Fragmentierungsmustern" – der Basis für Strukturermittlungen – befasst, prinzipiell von anderen spektroskopischen Methoden unterscheidet: Es werden nicht die für Übergänge zwischen verschiedenen Energieniveaus eines Moleküls notwendigen Energien gemessen, sondern es wird eine partielle Produktanalyse eines Reaktionsprozesses durchgeführt, der dadurch eingeleitet wird, dass man Ionen in der Gasphase zum Zerfall bringt. Die dabei ablaufenden Reaktionen hängen nicht nur von den vorhandenen funktionellen Gruppen, sondern weitgehend auch von der Gesamtstruktur des Moleküls ab.

Diese einleitenden Worte sollen erklären, warum Aufbau und Stoffauswahl dieses Buches in vielen Punkten von Einführungen in die UV-, IR- und NMR-Spektroskopie abweichen. So ist der Abschnitt über apparative und sonstige Grundlagen entsprechend umfangreich, da deren Kenntnis für eine sinnvolle Interpretation

Massenspektrometrie, Fünfte Auflage. H. Budzikiewicz, M. Schäfer
Copyright © 2005 WILEY-VCH Verlag GmbH & Co. KGaA, Weinheim
ISBN: 3-527-30822-9

massenspektrometrischer Daten unumgänglich ist, denn das Aussehen eines Massenspektrums hängt weitgehend von den Aufnahmebedingungen und dem verwendeten Gerätetyp ab.

Ein wichtiger Abschnitt behandelt weiterhin die Erzeugung positiver Ionen durch Elektronenstoß, bei welcher bezüglich der Interpretation der Messergebnisse die meiste Erfahrung vorliegt. Andere Verfahren, die heute routinemäßig angewendet werden, wie die Chemische Ionisation, die Spray- und Laserdesorptions-Methoden, bei denen aber Theorie und Praxis noch Fragen offen lassen, werden so behandelt, dass ihr Prinzip, ihre Möglichkeiten und Grenzen verständlich werden. Verfahren, die nur an wenigen Stellen praktische Anwendung finden, inzwischen an Bedeutung verloren haben oder einen besonderen messtechnischen Aufwand erfordern, werden nur kurz beschrieben. Spezialgebiete der Massenspektrometrie, deren Behandlung den Rahmen einer Einführung übersteigen würde, wie z. B. Untersuchungen molekularer Stoßprozesse, kurzlebiger Radikale oder die Kinetik von Zerfallsreaktionen sowie die Methoden zur Ermittlung von Ionenstrukturen werden nicht behandelt. Hier muss auf die Spezialliteratur, von der in Kap. 12 eine Auswahl geboten wird, zurückgegriffen werden.

Die verschiedenen Anwendungsbereiche, soweit sie Aufnahme in dieses Buch gefunden haben, sind so eingehend behandelt, dass einfache Probleme mit Hilfe der vermittelten Informationen bearbeitet werden können und dass eine Grundlage geschaffen ist, die das Studium weiterführender Literatur ermöglicht. Den einzelnen Abschnitten sind Aufgaben beigegeben, deren Lösung im Anhang ausführlich diskutiert wird. Die Schwierigkeit der Aufgaben ist unterschiedlich: Es wurden mit Absicht einige komplexere Probleme eingestreut, die vielleicht nicht auf Anhieb zu bewältigen sind. In solchen Fällen sollte wenigstens der Gedankengang der im Anhang diskutierten Lösung nachvollzogen werden.

Bei der Besprechung organischer Verbindungsklassen werden überwiegend monofunktionelle Verbindungen behandelt. Sie sollen zeigen, wie funktionelle Gruppen in unterschiedlicher Umgebung im Molekül das Fragmentierungsverhalten beeinflussen, und so ein Gefühl dafür vermitteln, welche Überlegungen bei der Interpretation eines Massenspektrums (zum Unterschied beispielsweise von einem NMR-Spektrum) angestellt werden. Aus der Fülle der Anwendungsmöglichkeiten der Massenspektrometrie in der Naturstoffchemie werden drei Beispiele herausgegriffen, für deren Verständnis die im vorangehenden Abschnitt vermittelten Kenntnisse ausreichen. Bei den Aminosäuren klingt das Problem polyfunktioneller Verbindungen an, bei den Zuckern wird auf die Isotopenmarkierungstechnik hingewiesen, bei einem Steroid ein komplizierteres Strukturproblem angeschnitten.

Wo immer möglich, wird im Text auf einschlägige Übersichtsarbeiten hingewiesen, die zum vertiefenden Studium herangezogen werden können. Zusätzlich findet sich im Anhang eine Auswahl weiterführender Literatur, eine Zusammenstellung von Fachausdrücken (da massenspektrometrische Literatur überwiegend in englischer Sprache publiziert ist, auch der englischen *termini technici*) und Abkürzungen, eine Tabelle der Isotopenmassen und -häufigkeiten der wichtigsten Elemente, sowie Umrechungsfaktoren für Druck- und Energiegrößen.

I
Grundlagen

Massenspektrometrie, Fünfte Auflage. H. Budzikiewicz, M. Schäfer
Copyright © 2005 WILEY-VCH Verlag GmbH & Co. KGaA, Weinheim
ISBN: 3-527-30822-9

1
Terminologie

Ein *Massenspektrometer* ist ein Instrument, das aus einer Substanzprobe einen Strahl gasförmiger Ionen erzeugt, diese nach Masse und Ladung trennt und schließlich ein *Massenspektrum* (MS) liefert, aus dem abgelesen werden kann, Ionen welcher Masse in welchen relativen Mengen gebildet worden sind. Massenspektren erlauben bei Einzelsubstanzen Rückschlüsse auf deren Struktur, bei Gemischen überdies die Bestimmung der qualitativen und quantitativen Zusammensetzung. Die in der Zeiteinheit gebildeten Mengen an verschiedenen Ionen werden als *Ionenströme*, die Summe der Ionenströme als *Gesamt-* oder *Totalionenstrom* (TI) bezeichnet.

Ionen sind positiv oder negativ geladene Atome, Atomgruppen oder Moleküle. Der Vorgang der Ionenbildung ($A - e^- \rightarrow A^+$ oder $A + e^- \rightarrow A^-$) wird als Ionisierung bezeichnet. Es können mit einem Massenspektrometer sowohl positive (Kationen) als auch negative Ionen (Anionen) untersucht werden. Negative Ionen haben bei Elektronenstoßionisation (Abschn. 2.2.1) praktisch keine Bedeutung, bei der Chemischen Ionisation (Abschn. 2.2.2) werden sie zum Nachweis z. B. halogenierter Verbindungen herangezogen, wichtig sind sie bei Oberflächen- (Abschn. 2.2.3), Spray- (Abschn. 2.2.4) und Laserdesorptionsverfahren (Abschn. 2.2.1).

Um positive Ionen durch Abspaltung eines Elektrons zu bilden, ist Energie notwendig, deren Betrag man als Ionisierungspotenzial (IP) oder als Ionisierungsenergie (I) bezeichnet, wobei zur Erläuterung Name oder Formel der untersuchten Verbindung beigefügt wird; z. B. $I(CH_4)$. Die für die Entfernung eines Elektrons aus dem höchsten besetzten Orbital im elektronischen Grundzustand eines neutralen Teilchens (Atom, Radikal, Molekül) notwendige Mindestenergie ist das *erste IP*. Für die Entfernung von weiteren Elektronen gibt es eine Reihe höherer Ionisierungspotenziale. Handelt es sich um einen 0,0-Übergang (d. h., das Neutralteilchen und das Ion befinden sich im Schwingungsgrundzustand), so spricht man von einem *adiabatischen IP*; handelt es

Die Ausdrücke „Massenspektrometer" und „Massenspektroskop" werden heute als Synonyma, „Massenspektrograph" praktisch nicht mehr gebraucht; das gleiche gilt für abgeleitete Begriffe wie „Massenspektrometrie" usw. Die in den IUPAC-Empfehlungen [1] gegebenen Definitionen für die drei Begriffe sind überholt.

In der älteren Literatur bedeutet „zweites IP" die für die Bildung von M^{2+} notwendige Energie, heute ist damit meist die für die Entfernung eines Elektrons aus dem zweithöchsten besetzten Orbital (Bildung eines angeregten M^+) benötigte Energie gemeint.

Massenspektrometrie, Fünfte Auflage. H. Budzikiewicz, M. Schäfer
Copyright © 2005 WILEY-VCH Verlag GmbH & Co. KGaA, Weinheim
ISBN: 3-527-30822-9

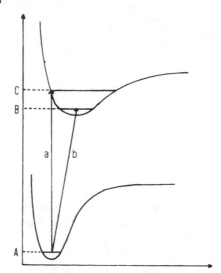

Abb. 1 Elektronenübergänge bei der Ionisierung: **(a)** vertikal (AC...IP$_{vert.}$), **(b)** adiabatisch (AB...IP$_{ad.}$).

sich um einen *Franck-Condon*-Übergang (d.h., der Abstand zwischen den schwingenden Massen ändert sich während des Übergangs nicht, da die Ionisierungszeit von ~10^{-15} s sehr viel kleiner ist als die Schwingungsperiode von ~10^{-12} s), so spricht man von einem *vertikalen IP* (s. Abb. 1). Bei organischen Verbindungen entstehen meist Ionen in angeregten Schwingungszuständen.

Die für die Ionisierung notwendige Energie (IP) wird meist in Elektronenvolt (eV) angegeben (Abschn. 2.2.1). 1 eV ist die Energie, die ein Elektron beim Durchlaufen einer Potenzialdifferenz von 1 V aufnimmt (1 eV=$1{,}60 \cdot 10^{-19}$ J). Die Begriffe IP und eV werden in der Massenspektrometrie häufig in etwas beiläufiger Form gebraucht: Ein IP ohne nähere Angaben ist der massenspektrometrisch gemessene Wert, i.a. ein vertikales erstes IP. Unter „eV" versteht man auch den auf 1 mol bezogenen Wert, d.h., man multipliziert mit der Loschmidtschen Zahl (N_L=$6{,}02 \cdot 10^{23}$) und erhält so das Äquivalent 96.14 kJ. Die IP der meisten Elemente liegen zwischen 5 und 20 eV, die der meisten organischen Verbindungen zwischen 8 und 13 eV.

Wird aus einem Molekül ein Elektron entfernt, so erhält man ein *Molekülion* M^+ (oder auch $M^{+\bullet}$, vgl. Abschn. 3.1). Wird dem Molekül über die zur Ionisierung notwendige noch weitere Energie zugeführt, kann Zerfall eintreten ($AB^+ \rightarrow A^+ + B$), wodurch *Bruchstück-* oder *Fragmentionen* entstehen (s. Abschn. 3.2). Die Mindestenergie, die zur Bildung eines bestimmten Ions aus einem Molekül notwendig ist, bezeichnet man als dessen *Auftrittspotenzial* (AP) oder *Auftrittsenergie* (A), z.B. A(CH_3^+). Das AP des Molekülions ist entsprechend gleich seinem ersten IP.

Wie in Abschn. 2.3 gezeigt wird, kann mit Hilfe eines Massenspektrometers für ein gegebenes Ion nur das Verhältnis seiner Masse zu seiner Ladung (m/e) bestimmt werden. Im praktischen Gebrauch wird dabei m in atomaren Masseneinheiten u und e in der Zahl der Elementarladungen angegeben. Bei Verwendung dieser Einheiten soll der IUPAC-Empfehlung [1] folgend – das Masse-zu-Ladungs-Verhältnis durch das Symbol m/z ausgedrückt werden (z. B. $I^+ \ldots m = 126{,}9045$ u, $z = 1$ $e_0 \ldots m/z$ 126,9045), wobei zwischen m/z und dem Zahlenwert kein Gleichheitszeichen gesetzt wird (in der älteren Literatur findet man m/e). Durch Runden auf ganze Zahlen erhält man die sog. *nominelle Masse* eines Ions (z. B. I^+ m/z 127).

In der überwiegenden Zahl der Fälle (Ausnahme: Spray-Verfahren, Abschn. 2.2.4) werden einfach geladene Ionen beobachtet, so dass m/z und die Summe der Massenzahlen numerisch gleich sind. Dies stimmt nicht für mehrfach geladene Teilchen: Doppelt geladene Ionen treten bei der halben Masse auf usw. (z. B., $^{12}C_{14}{}^1H_{10}{}^{2+} \ldots$ m/z 178/2 = 89, vgl. Abb. 2).

In den IUPAC Recommendations wird „u" für die atomare Masseneinheit basierend auf der ^{12}C-Skala verwendet. Es entspricht dem insbesondere in der biochemischen Literatur verwendeten Dalton (Da). Das ältere „amu" basierte auf der ^{16}O-Skala und sollte daher nicht mehr gebraucht werden.

Gelegentlich findet man „Thomson" (Th) für m/z-Werte (H^+: m/z 1 = 1 Th; H^-: −1 Th) [2].

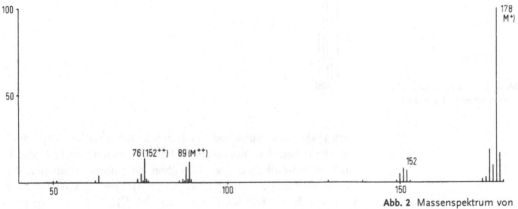

Abb. 2 Massenspektrum von Anthracen.

Die natürlich vorkommenden Elemente sind in der Mehrzahl Gemische von *Isotopen* (s. die Tabelle Kap. 15), die, da sie unterschiedliche Massen aufweisen, bei der massenspektrometrischen Analyse getrennt werden. So zeigt z. B. Chlor, das zu 75,8% aus dem Isotop ^{35}Cl und zu 24,2% aus dem Isotop ^{37}Cl besteht, in seinem Massenspektrum zwei Signale (m/z 35 und m/z 37), deren relative Intensitäten den natürlichen Mengenverhältnissen der beiden Isotope (75,8 : 24,2) entsprechen. Daraus folgt, dass für Massenberechnungen nie die *Atommassen* (*Atomgewichte*), die den mittleren Massenwert des natürlichen Isotopengemisches angeben (für Cl z. B. 35,45), sondern nur die *Isotopenmassen* verwendet werden dürfen (s. aber Abschn. 5.2). Ein besonders krasser Fall ist Br, dessen Atommasse 79,91 ist und das zu 50,7% aus ^{79}Br und zu 49,3% aus ^{81}Br besteht, was als Mittelwert etwa 80 ergibt.

Infolge des Isotopengemischcharakters der Mehrzahl der Elemente liefern praktisch alle Moleküle mehrere Molekülionen. So gibt HCl das folgende Bild:

m/z 36 $^{1}H^{35}Cl$
m/z 37 $^{2}H^{35}Cl$
m/z 38 $^{1}H^{37}Cl$
m/z 39 $^{2}H^{37}Cl$

Wie komplex das Molekülionen-Muster werden kann, zeigt das Beispiel von ZnBr$_2$ (Abb. 3). Analoges gilt natürlich auch für alle Fragmentionen. Die Berechnung von Isotopenmustern wird in Abschn. 5.1 näher erläutert.

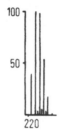

Abb. 3 Massenspektrum (Molekülionenbereich) von ZnBr$_2$.

Im praktischen Sprachgebrauch bezeichnet man bei Verbindungen, die neben den monoisotopischen Elementen wie F, I oder P nur CHONS enthalten, als Molekülion (M$^+$) die Kombination der häufigsten Isotope (^{1}H, ^{12}C, ^{14}N, ^{16}O, ^{32}S), also für C$_2$H$_5$OH m/z 46. Die sich aus Kombinationen von ^{13}C, ^{15}N, ^{18}O usw. ergebenden Molekülionen werden als *Satelliten-* oder *Isotopensignale* oder *-peaks* bezeichnet (z. B. ist m/z 17 der ^{13}C-Satellit von $^{12}C^{1}H_4$). Analoges gilt auch für Fragmentionen. Sind andere Elemente zusätzlich vorhanden, so kann man sich bei diesen entweder auf das leichteste (z. B. ^{35}Cl) oder auf das häufigste Isotop beziehen, man sollte jedoch in solchen Fällen angeben, welches Isotop man der Berechnung zugrunde gelegt hat (z. B. (C$_2$H$_5$)$_4$Pb: M$^+$ 322 für ^{206}Pb). Bezüglich der Probleme, die sich bei hohen Massen ergeben, s. Abschn. 5.2.

Als isobar bezeichnet man Teilchen mit gleicher nomineller Masse (gleicher Summe von Massenzahlen), z. B. ^{40}Ar...39,9624, ^{40}Ca...39,9626; C$_2$H$_4$...28,0313, CO...27,9949).

2
Apparative Grundlagen

Wie bereits erwähnt, ist ein Massenspektrometer ein Gerät, mit dessen Hilfe eine vorgegebene Substanzprobe in einen Strahl gasförmiger Ionen übergeführt wird. Diese werden entsprechend ihrem Masse-zu-Ladungs-Verhältnis (m/e) aufgetrennt, sodass als Ergebnis festgestellt werden kann, welche Ionen in welchen relativen Mengen entstanden sind. Dementsprechend besteht jedes Massenspektrometer im Wesentlichen aus vier Teilen:
1. Einem „Einlasssystem" zur Probeneinführung,
2. einer „Ionenquelle", in der die Ionisierung erfolgt,
3. einem „Analysator" zur Trennung der Ionen nach ihren m/e (m/z)-Werten und
4. einer „Einheit zur Registrierung und zur Ausgabe der Messdaten".

2.1
Einlasssystem

2.1.1
Möglichkeiten der Probeneinführung

Man unterscheidet heute im Wesentlichen drei Möglichkeiten, Substanzen in ein Massenspektrometer einzuführen:
1. Die Probe wird vor der Ionisierung verdampft (unpolare bis mäßig polare Substanzen mit Molmassen bis etwa 1000 g/mol);
2. Ionen werden aus einer kondensierten Phase in die Gasphase übergeführt (mäßig bis sehr polare Substanzen mit Molmassen bis etwa 2500 g/mol bei FD und FAB, bis zu 1 000 000 bei MALDI; s. Abschn. 2.2.3);
3. Eine Lösung der Probe wird zu einem feinen Nebel zerstäubt und aus den Nebeltröpfchen treten Ionen in die Gasphase über (sog. Spray-Verfahren) (mäßig bis sehr polare Substanzen mit Molmassen bis etwa 100 000 g/mol; s. Abschn. 2.2.4).

Massenspektrometrie, Fünfte Auflage. H. Budzikiewicz, M. Schäfer
Copyright © 2005 WILEY-VCH Verlag GmbH & Co. KGaA, Weinheim
ISBN: 3-527-30822-9

Zu 1. Soll die Probe vor der Ionisierung verdampft werden, kommen in der Hauptsache drei Verfahren zur Anwendung, und zwar

Indirekte Probeneinführung

Hierbei wird die Probe in einem heizbaren Vorratsgefäß verdampft, wobei der Dampfdruck auf etwa 0,1 Pa gehalten wird. Durch eine feine Öffnung, ein sog. Molekularleck, strömt Substanz in die Ionenquelle, in der ein Druck von etwa 10^{-5} bis 10^{-3} Pa herrscht. Wird das Vorratsgefäß genügend groß gewählt, so bleibt der Substanzstrom über längere Zeit konstant.

Vorteile: Gut reproduzierbare Spektren, keine Entmischung von Gemischen.

Nachteile: Möglichkeit thermischer (höhere Verdampfungstemperatur bei 0,1 Pa) und katalytischer (Wandreaktionen) Zersetzung der Probe (s. Abschn. 2.1.4). Beim Aufheizen wird den Molekülen Vibrationsenergie zugeführt, wodurch das Fragmentierungsmuster beeinflusst werden kann (s. Abschn. 3.7).

Anwendung: Analyse von Gasen und leicht flüchtigen Substanzen. Für schwer flüchtige anoganische Substanzen werden hoch aufheizbare *Knudsen*-Zellen verwendet. Ein Sonderfall ist die Verbindung eines Massenspektrometers mit einem Reaktionsgefäß, einer Abgasleitung u. ä. über eine Kapillare oder Membran zur kontinuierlichen Überwachung der Konzentration bestimmter Produkte in der Technik.

Direkte Probeneinführung

Die Probe wird durch eine Vakuumschleuse direkt in die Ionenquelle gebracht und dort solange aufgeheizt, bis ihr Dampfdruck etwa 10^{-4} Pa erreicht. Infolge des niedrigen Drucks benötigt man eine geringere Verdampfungstemperatur als bei indirekter Einführung; überdies müssen die Moleküle bis zur Ionisierungsregion nur eine Strecke zurücklegen, die kürzer ist als die mittlere freie Weglänge. Es kommt somit zu bedeutend geringeren Zersetzungserscheinungen.

Vorteile: Geringere thermische Belastung der Probe bzw. Gefahr der katalytischen Zersetzung.

Nachteile: Ungleichmäßige Verdampfung möglich, daher weniger gut reproduzierbare Spektren. Bei Gemischen dampfen leicht flüchtige Komponenten eher ab als schwer flüchtige (vgl. Abschn. 2.1.3). Bei Verdampfung zu großer Probenmengen ist mit einer Verschmutzung der Quelle zu rechnen, was zu einem „Untergrund"-Spektrum führt, das bei weiteren Messungen erhaltene Spektren überlagert und sehr stören kann.

Anwendung: Schwerer flüchtige und thermolabile Verbindungen.

Kopplung mit einem Gaschromatographen [3]
Die Säule eines Gaschromatographen kann direkt (bei Kapillarsäulen) oder über einen Separator, in dem der größte Teil des Trägergases entfernt wird (bei gepackten Säulen), mit der Ionenquelle verbunden werden. Bei Verwendung schneller Analysatoren (z. B. Quadrupolgeräten, Abschn. 2.3.2) können von jeder gaschromatographischen Fraktion mehrere Spektren (Kontrolle der Einheitlichkeit der Fraktion) aufgenommen werden (GC/MS).

Vorteile: Sehr geringer Substanzverbrauch, da die einzelnen Fraktionen nicht isoliert werden müssen, somit Verwendbarkeit analytischer Gaschromatographen. Schnelle Analyse auch komplexer Gemische.

Nachteile: Nur anwendbar für entsprechend flüchtige Verbindungen (ggf. muss man besser flüchtige Derivate herstellen, wie z. B. N-trifluoracetylierte Aminosäure-isopropylester, $CF_3CONHCHR$-COO-i-C_3H_7, sog. TAP-Derivate [4]). Wenn die einzelnen Fraktionen nur massenspektrometrisch charakterisiert werden, ist besonders auf das in Abschn. 2.1.4 Gesagte zu achten (keine Kontrolle bezüglich thermischer Zersetzung!). Die Reproduzierbarkeit der Spektren leidet unter möglichen Konzentrationsänderungen während der Messung, doch können diese bei aufwändigeren Geräten kompensiert werden.

Anwendung: Analyse von entsprechend flüchtigen Gemischen (s. auch Abschn. 6.2.1).

Hinweis: Eine entsprechende Kopplung mit einem Flüssigchromatographen wird in Abschn. 2.2.4 und 6.2.1 besprochen.

! **Achtung** *Das Aussehen eines Massenspektrums kann von der Art des verwendeten Einlasssystems abhängen (s. Abschn. 3.7 sowie Abb. 27 dort). Vorsicht also beim Spektrenvergleich.*

2.1.2
Probenmenge im Routinebetrieb

– Für indirekte Probeneinführung ~0,1 mg, für langwierige Messungen evtl. auch mehr,
– für direkte Probeneinführung ~1 – 100 µg, für länger dauernde Untersuchungen ist u. U. mehrmalige Probeneinführung notwendig,
– für GC/MS-Kopplung ~ 0,01 – 10 µg.

Spurenanalyse bis in den pg und fg-Bereich ist möglich, bedarf aber spezieller Techniken und besonderer Erfahrung. Bei der Untersuchung kleinster Mengen ist besonders darauf zu achten, dass Verunreinigungen in gleicher Größenordnung aus Lösungsmitteln, Filterpapier und sogar durch Berührung der Laborgeräte mit den Händen eingeschleppt werden können.

2.1.3
Verunreinigungen [5]

Steuert man die Probentemperatur so, dass der Totalionenstrom (TI, s. Abschn. 2.4.2) konstant gehalten wird, so beobachtet man bei einer Reinsubstanz raschen Temperaturanstieg (bis der für den vorgegebenen TI notwendige Dampfdruck erreicht ist). Die Temperatur bleibt dann konstant, bis die gesamte Probe verbraucht ist, worauf sie wieder (im vergeblichen Bemühen, weitere Probe zu verdampfen) ansteigt. Bei Gemischen kommt es entweder zu einem mehr oder weniger kontinuierlichen oder (bei Fraktionierung) zu einem stufenförmigen Temperaturanstieg. Im günstigsten Fall können dann Massenspektren einzelner Komponenten erhalten werden.

Eine wichtige Voraussetzungen für die massenspektrometrische Strukturermittlung ist das Arbeiten mit sauberen Präparaten. Enthält eine Probe mehrere Verbindungen, so werden diese nebeneinander ionisiert, was zur Überlagerung der einzelnen Massenspektren führt und eine Interpretation entsprechend erschwert. Leichter flüchtige Verunreinigungen können, wenn sie bevorzugt verdampfen, das Spektrum der gesuchten Substanz überdecken, oder es kann – besonders bei direkter Einführung – zu einer fraktionierten Verdampfung kommen, sodass man nur das Spektrum der Verunreinigung erhält. Saubereres Arbeiten ist in erhöhtem Maße bei Gemischanalysen notwendig, um die an sich komplizierten Spektren nicht noch komplexer zu machen.

Typische Verunreinigungen sind:
1. Lösungsmittelreste. Die Spektren der wichtigsten Lösungsmittel sind in Abb. 81 zusammengestellt. Petrolether enthält immer höhere Kohlenwasserstoffe, die oft nur sehr schwer zu entfernen sind (kenntlich an Ionen im Abstand von 14 u), daher ist z. B. Cyclohexan vorzuziehen.
2. Hahnfett, s. Abb. 82a (Kohlenwasserstoff) und 82b (Silikon).
3. Weichmacher, besonders höhere Phthalsäureester, die aus Plastikflaschen, -schläuchen usw. über Lösungsmittel eingeschleppt werden. Ein intensives Ion bei m/z 149 (s. Abschn. 9.9.2) stammt fast immer von Phthalsäureestern.
4. Substanzen, die aus den bei Papier-, Dünnschicht- (z. B. Fluoreszenzindikatoren) und Säulenchromatographie verwendeten Materialien eluiert werden. Gegebenenfalls muss man eine Probeelution mit den bei der Substanztrennung verwendeten Lösungsmitteln vornehmen und den Eindampfrückstand untersuchen.
5. Reste von Reagentien und Ausgangsmaterial.

Verunreinigungen können auch aus dem Massenspektrometer selbst bzw. von der GC-Kopplung stammen. Es sind dies besonders
1. im Einlasssystem und in der Ionenquelle adsorbierte Substanzen von vorausgehenden Messungen,
2. Hg oder Pumpenöl bei Verwendung von Diffusionspumpen,

3. Reste von Luft (N_2, m/z 28; O_2, m/z 32; Ar, m/z 40; gelegentlich auch CO, m/z 28; CO_2, m/z 44; H_2O, m/z 18 und OH, m/z 17),
4. GC-Säulenbluten (s. Abb. 83).

Verunreinigungen (und Gemische ganz allgemein) lassen sich häufig an den folgenden Kriterien erkennen:
1. Das Massenspektrum verändert sich besonders bei direkter Einführung, wenn von einer Probe mehrere Aufnahmen hintereinander gemacht werden (s. Abb. 4), da leichter flüchtige Substanzen anfangs bevorzugt verdampfen und später langsam abnehmen oder (besonders bei Lösungsmitteln) ganz verschwinden. Demgegenüber ändern sich die Intensitäten eines Molekülions und der dazugehörigen Fragmentionen (s. Abschn. 3.2) in gleichem Verhältnis mit der Zeit. Werden während es gesamten Verdampfungsvorganges Spektren aufgenommen und registriert, kann man den Intensitätsverlauf des TI und mehrerer Ionen verfolgen. (sog. Ionenchromatogramme, s. Abschn. 2.4.2, Selected Ion Monitoring). Verlaufen die Kurven nicht parallel,

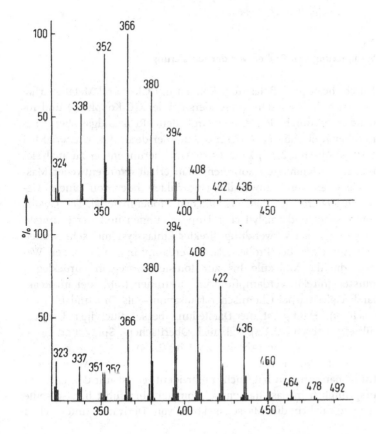

Abb. 4 Ausschnitte aus dem Molekülionenbereich zweier Massenspektren eines Kohlenwasserstoffgemisches aufgenommen im Abstand von zehn Minuten.

so hat man es mit einer nicht einheitlichen Substanz zu tun (mit dem Aufheizen zunehmende pyrolytische Zersetzung kann ein ähnliches Bild geben).

2. Ionen in charakteristischen Abständen von M^+. Massendifferenzen von 14 u (CH_2!) deuten auf eine Reihe von Homologen (s. Abb. 4), von 2 u (2 H!) auf das Vorliegen von oxidiertem oder reduziertem Material hin. Abspaltung von 4 bis 14 u aus einem organischen Molekül kommt praktisch nie vor, Ionen 4 bis 14 u unterhalb von M^+ rühren daher fast immer von Fremdsubstanzen her.

> **!**
> **•** **Achtung** *Quantitative Angaben über vorhandene Verunreinigungen sind (s. Kap. 6) i.a. nicht einmal größenordnungsmäßig möglich, da die Intensitäten der verschiedenen Molekülionen von einer Reihe von Faktoren (Verdampfungsgeschwindigkeit, Ionisierungswahrscheinlichkeit, Zerfallsgeschwindigkeit) abhängen, die von Substanz zu Substanz beträchtlich variieren können. Damit sagt aber auch ein einzelnes Massenspektrum nicht unbedingt etwas über Reinheit und Einheitlichkeit einer Probe aus.*

2.1.4
Veränderung von Proben vor der Ionisierung

Durch thermische Belastung, Kontakt mit Glas- und Metalloberflächen von Einlasssystem (besonders bei der GC-Kopplung) und Ionenquelle, durch Reaktionen mit dem Reaktandgas bei Chemischer Ionisation (s. Abschn. 2.2.2) oder dem Matrixmaterial bei FAB (s. Abschn. 2.2.3) kann es zu Veränderungen der zu analysierenden Verbindungen kommen. Man erhält dann entweder Massenspektren von Umwandlungsprodukten oder von einem Gemisch letzterer mit dem eigentlichen Probenmaterial. Die Gefahr thermischer und katalytischer Umwandlungen und Zersetzungen ist geringer bei Verwendung direkter Einlasssysteme, sehr schnellem Aufheizen der Probe („flash"-Verdampfung) und kurzen Wegen, die die Moleküle bis zur Ionisierungsregion zurücklegen müssen (direkte Verdampfung im Elektronenstrahl oder im Reaktandgasplasma bei Chemischer Ionisation – als DEI und DCI bezeichnet). Häufig ist die Darstellung besser flüchtiger Derivate hilfreich (Abschn. 2.1.5). Vgl. auch Oberflächen-, Spray- und Laserdesorptionsverfahren (Abschn. 2.2.1 bis 2.2.4).

Liegt der Verdacht nahe, dass die Substanz, deren Massenspektrum man erhalten hat, nicht mehr identisch ist mit der, die man ursprünglich in das Massenspektrometer eingeführt hat, so sollte man zusätzlich die Massenspektren von Derivaten untersuchen

und prüfen, ob die beobachtete Änderung der Masse der Molekülionen der chemischen Umsetzung entspricht. Vermutet man z. B.
eine Monocarbonsäure und stellt die Molekülmasse X fest, so
muss die Molekülmasse des Methylesters X + 14 sein (-COOH →
-COOCH$_3$). Beobachtet man einen Massenzuwachs von 58 u,
dann war X die Molekülmasse des Decarboxylierungsprodukts
(-CO$_2$).

An Umwandlungsreaktionen vor der Ionisierung kommen in
Frage:

1. Thermische Umwandlungen. Hierauf ist besonders bei GC/MS-
   Kopplung zu achten. Weitgehende Zersetzung der Probe ist
   meist an einem uncharakteristischen Spektrum zu erkennen,
   bei dem die Ionenintensitäten gegen höhere Massen hin gradu-
   ell abnehmen, bis sie schließlich im Rauschpegel des Gerätes
   verschwinden. Mitunter sind Crackprodukte zu erkennen, doch
   sind derartige Spektren i. a. ziemlich wertlos, können andererseits aber auch wenig Unheil anrichten. Kritischer sind spezifische Eliminierungen. Die wichtigsten hierbei sind der Verlust
   von H$_2$O aus Hydroxyverbindungen und Polycarbonsäuren,
   CH$_3$COOH aus Acetoxyverbindungen und CO$_2$ aus Carbonsäuren. Salze organischer Basen zersetzen sich praktisch immer
   (z. B. Hydrochloride durch Abspaltung von HCl, quartäre Am-
   moniumsalze in komplizierter Weise, z. B. durch Hofmann-Ab-
   bau), ebenso Salze organischer Säuren. Auch bei gemischt anor-
   ganisch-organischen Verbindungen (Si-, B-, metallorganischen
   Verbindungen) ist Vorsicht geboten.

2. Isomerisierungsreaktionen: Diese sind mitunter nicht leicht zu
   erkennen, da sich die Molmasse ja nicht ändert, können aber
   bei der Interpretation der Spektren zu Fehlschlüssen führen.
   Am wichtigsten sind hier Doppelbindungsverschiebungen bei
   ungesättigten Verbindungen. So isomerisieren Steroid-Δ^5-3-keto-
   ne leicht zu den konjugierten -Δ^4-3-ketonen. -Δ^4-3-Ketone liefern
   ein Fragment m/z 124, das in den Spektren der -Δ^5-3-ketone
   fehlt (vgl. Abschn. 10.3).

kein
m/z 124   thermische
                   Umlagerung m/z 124

3. Hydrierungs- und Dehydrierungsreaktionen werden z. B. bei
   Chinonen bzw. Hydrochinon- und Brenzcatechin-Derivaten beobachtet. Man erhält sehr häufig Gemischspektren der beiden
   Hydrierungsstufen, auch wenn man von reinen Substanzen
   ausgegangen ist. Verantwortlich hierfür sind Metalloberflächen
   bzw. daran adsorbiertes Wasser.

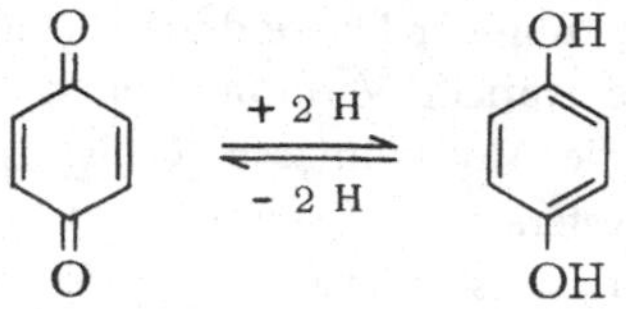

Es ist noch eine Reihe weiterer Zersetzungs- und Umwandlungs-reaktionen beobachtet worden. Zu diesem Thema existieren Über-sichtsartikel, die man im Zweifelsfalle heranziehen sollte [6].

2.1.5
Besser flüchtige Derivate

Kann eine Substanz nicht gut oder gar nicht verdampft werden, so hilft oft die Überführung in geeignete Derivate. Es empfiehlt sich z. B., freie Carbonsäuren in Ester, Amine und Alkohole in Acylderivate umzuwandeln. Günstig für die gaschromatographi-sche Analyse sind die aus Alkoholen leicht zu erhaltenden Silyl-ether [4]. Ein häufiger Nachteil von Derivaten ist, dass die Frag-mentierungsmuster weniger charakteristisch sind als die der Aus-gangsverbindungen (so liefern Trimethylsilylether sehr intensive $[M-\bullet CH_3]^+$ Ionen.

2.2
Ionenquellen [6 a]

2.2.1
Ionisierungsverfahren, die zu M^+ führen

Elektronenstoßionisation (auch als Elektronenionisation bezeichnet); abgekürzt EI

Um aus einem neutralen Atom oder Molekül ein positives Ion zu erhalten, muss man mindestens so viel Energie zuführen, wie zur Entfernung eines Elektrons aus dem höchsten besetzten Orbital notwendig ist (1. Ionisierungspotenzial, s. Kap. 1). Diese Energie-zufuhr kann auf unterschiedliche Weise erfolgen. Die für flüchtige Verbindungen bei weitem wichtigste Methode ist die sog. *Elektro-nenstoßionisation*, bei der senkrecht zum Molekülstrom der Probe ein Elektronenstrahl von einer Glühkathode zu einer Anode hin beschleunigt wird (s. Abb. 5). Bei der Wechselwirkung der Elek-tronen mit den Molekülen der Probe kann entweder die zur Ab-spaltung eines Elektrons notwendige Energie aufgenommen (Bil-dung eines positiven Ions, (1)) oder ein Elektron in ein unbesetz-tes Orbital eingebaut werden (Bildung eines negativen Ions, (3)). Daneben laufen noch andere Prozesse wie Entfernung mehrerer

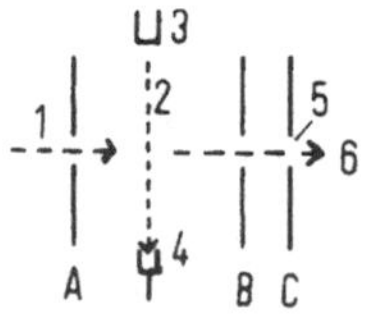

Abb. 5 Schematische Darstel-lung einer EI-Ionenquelle: (1) einströmende Moleküle; (2) Elektronenstrahl; (3) Ka-thode; (4) Anode; (5) Aus-trittsspalt; (6) Ionenstrom; A, B, C...Beschleunigungspoten-ziale.

Elektronen (2), Ionenpaarbildung (4) oder mit Dissoziation verbundene Ionisierung ((5), (6)) ab:

$$AB \quad \rightarrow \quad AB^{+\bullet} + e^- \qquad (1)$$
$$AB \quad \rightarrow \quad AB^{2+} + 2\ e^- \qquad (2)$$
$$AB + e^- \rightarrow \quad AB^{-\bullet} \qquad\qquad (3)$$
$$AB \quad \rightarrow \quad A^+ + B^- \qquad (4)$$
$$AB \quad \rightarrow \quad A^+ + B^\bullet + e^- \qquad (5)$$
$$AB + e^- \rightarrow \quad A^- + B^\bullet \qquad (6)$$

Der wichtigste Prozess ist die Bildung positiver Molekülionen (AB → AB$^{+\bullet}$). Ein ausreichend langlebiges AB$^{-\bullet}$ entsteht nur bei Wechselwirkung von AB mit energiearmen (sog. thermischen) Elektronen (s. Chemische Ionisation, Abschn. 2.2.2) unter der Voraussetzung, dass die Elektronenaffinität EA(AB)>0 ist, d.h., es ist H°(AB$^{-\bullet}$) < H°(AB) (Polyhalogen-, Nitroverbindungen, Chinone). Bei höheren Elektronenenergien, wie sie für eine EI-Quelle typisch sind, überwiegen neben dem Verlust eines Elektrons (AB$^{-\bullet}$ → AB + e$^-$) dissoziative Prozesse (4 und 5 im obigen Schema), welche bis zum Abbau zu kleinen Anionen wie OH$^-$, CN$^-$, HC≡C$^-$ führen können. Anionen-Spektren bei EI liefern daher in der Regel kaum brauchbare Informationen.

Zwischen Glühkathode und Anode wird meist eine Potenzialdifferenz von 70 V angelegt, sodass die Elektronen eine kinetische Energie von 70 eV erhalten. Hierdurch erreicht man sehr gut reproduzierbare Spektren, da die Ionenausbeute in Abhängigkeit von der Elektronenenergie für organische Moleküle ein flaches Maximum zwischen 50 und 100 eV durchläuft. Damit beeinflussen geringe Schwankungen der Elektronenenergie die Ionenausbeute nur minimal.

Photo- und Laser-Ionisation
Durch ein energiereiches Photon (die Ar-Linie bei 104,8 nm entspricht 11,8 eV) bzw. durch Absorption mehrerer Photonen kann einem Molekül die zur Ionisation ausreichende Energie (M + hν → M$^{+\bullet}$ + e$^-$) bzw. Überschussenergie, die Fragmentbildung bewirkt, zugeführt werden. Wegen der im Gegensatz zu einem Elektronenstrahl genau definierten Energie wird die Photoionisation für physikochemische Messungen (z.B. Bestimmung von Ionisationsenergien) verwendet. Da sich Laserstrahlen gut fokussieren lassen, kann man strukturierte Proben wie Gewebedünnschnitte abtasten (*Laser Microprobe Mass Spectrometry*, LAMMA) [7].

Multiphotonenionisation (MUPI) in Verbindung mit Laserverdampfung wird für die Untersuchung schwer flüchtiger Verbindungen (z. B. Oligopeptide, s. Abschn. 10.1, Abb. 76) eingesetzt [8]. Durch entsprechende Wahl der übertragenen Energie kann man entweder nur Molekülionen oder auch Fragmentbildung erhalten, durch entsprechende Abstimmung der Laserfrequenz selektiv ionisieren (*resonance-enhanced multiphoton ionisation*, REMPI). Laserquellen arbeiten gewöhnlich gepulst und werden daher häufig mit gleichfalls gepulst arbeitenden Flugzeitgeräten gekoppelt (Abschn. 2.3.2). Das heute wichtigste Verfahren, *matrix assisted laser desorption and ionisation* (MALDI) wird in Abschn. 2.2.3 besprochen.

Feldionisation (FI) [9a]

Die Bildung positiver Ionen erfolgt durch Wechselwirkung eines starken inhomogenen elektrischen Feldes zwischen feinen Kohlenstoffnadeln und einer Gegenelektrode (vgl. Abschn. 2.2.3) mit den Molekülen. Durch das Übertreten eines Elektrons zur Anode entstehen hauptsächlich $M^{+\bullet}$-Ionen. FI hat Bedeutung für die Gemischanalytik von Verbindungen, bei denen andere Ionisationsverfahren überwiegend zur Fragmentbildung führen (z. B. aliphatische Kohlenwasserstoffe in der Erdölanalytik).

2.2.2
Chemische Ionisation (CI) [10]

In eine etwas modifizierte EI-Ionenquelle (geschlossen gebaut, um das zu schnelle Abpumpen des Reaktandgases zu verhindern) bringt man zusammen mit der zu analysierenden Substanz einen großen Überschuss ($\sim$100 Pa) eines Hilfs- (Reaktand-)gases ein, das durch Elektronenbeschuss ionisiert wird. Häufig laufen im Reaktandgas zunächst Primärreaktionen ab, die zu den eigentlichen reaktiven Reaktandgasionen führen. Als Beispiel soll CH_4 dienen:

$$CH_4^{+\bullet} + CH_4 \rightarrow CH_5^+ + CH_3^{\bullet}$$
$$CH_4^{+\bullet} \rightarrow CH_3^+ + H^{\bullet}$$
$$CH_3^+ + CH_4 \rightarrow C_2H_5^+ + H_2$$

CH_5^+ und $C_2H_5^+$ machen etwa (abhängig von Druck und Temperatur) 80% der Ionen im CH_4-Plasma aus, daneben finden sich noch $\sim$10% $C_3H_5^+$ und weitere Kohlenwasserstoffionen in geringerer Menge.

Die Ionisation der Analysensubstanz erfolgt durch Wechselwirkung mit den Reaktandgasionen. Sie kann in zweifacher Weise erfolgen:

1. Durch Ladungsübertragung (z. B. $Ar^{+\bullet} + M \rightarrow Ar + M^{+\bullet}$). Ist IP(Reaktandgas) ~ IP(M), so werden in der Hauptsache $M^{+\bullet}$ Ionen und nur wenige bis keine Fragmentionen gebildet (Abb. 6 b). Ist IP(Reaktandgas) um einige eV größer als IP(M), so entsteht ein Massenspektrum, das einem EI-Spektrum sehr ähnlich ist, da in analoger Weise Fragmentierung durch die Überschussenergie angeregt wird. Es gelten natürlich auch dieselben Fragmentierungsregeln (Abb. 6 a). Ladungsübertragung wird bei fast allen Ionisierungsprozessen durch Ionen-Molekül-Reaktionen (Pt. 2) als (meist unerwünschte) Konkurrenzreaktion beobachtet, da das IP der meisten Reaktandgase ausreichend hoch ist (s. Tabelle 1).

2. Durch Ionen-Molekül-Reaktionen (echte CI). Hierbei werden sog. Quasi-Molekülionen gebildet wie $[M + H]^+$, $[M - H]^+$, $[M + NO]^+$ usw. Die wichtigsten Prozesse sind
   - Protonenanlagerung, insb. an Heteroatome, z. B.
     $$CH_5^+ + RNH_2 \rightarrow RNH_3^+ + CH_4$$
   - Hydridabstraktion, z. B.
     $$C_4H_9^+ + RCH_2OH \rightarrow RCH=O^+H + C_4H_{10}$$
   - Anlagerung von Kationen (außer H^+, S_E-Reaktionen), insb. an π-Systeme (Abb. 6 b), z. B.
     $$NO^+ + R\text{-}CH=CH_2 \rightarrow R\text{-}CH^+\text{-}CH_2NO$$

Häufig laufen mehrere konkurrierende Ionisationsreaktionen nebeneinander ab. So liefern Alkene mit Isobutan als Reaktandgas $M^{+\bullet}$ durch Ladungsaustausch mit $C_4H_{10}^{+\bullet}$ sowie durch Reaktion mit dem Plasmaion $C_4H_9^+$ die Ionen $[M + H]^+$, $[M - H]^+$, $[M + C_4H_9]^+$ und (in einer etwas komplizierteren Reaktion) $[M + C_3H_3]^+$

Damit die Reaktion $M + BH^+ \rightarrow MH^+ + B$ abläuft, muss die Protonenaffinität (PA, s. Tabelle 1 b) von M größer sein als die von B. Ist $PA(M) < PA(B)$, kommt es allenfalls zu einer Anlagerung $[M + BH]^+$. Dies wird besonders bei NH_4^+ als Reaktandgasion beobachtet, das z. B. zur OH-Gruppe eines Alkohols eine H-Brücke ausbilden kann.

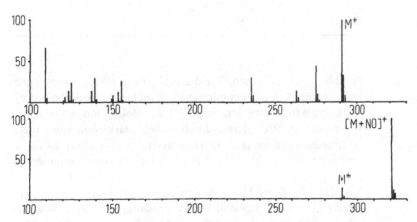

Abb. 6 CI-Spektrum von O,O-Diethyl-O-*p*-nitrophenyl-phosphothionat:
(a) Ladungsaustausch durch $CO^{+\bullet}$, (b) Ionisation mit NO^+ (Ladungsaustausch und Anlagerung).

Tab. 1 Reaktandgase für CI.

a) für Ladungsaustausch

Gas	Plasmaionen	IP (eV)
C_6H_6	$C_6H_6^+$	9,3
CS_2	CS_2^+	10,1
Xe	Xe^+	12,1
CO_2	CO_2^+	13,8
CO	CO^+	14,0
N_2	N_2^+	15,3
Ar	Ar^+	15,8
He	He^+	24,6

b) für Protonierungsreaktionen

Gas	Plasmaionen	PA* (kJ/mol)
H_2	H_3^+	422
CH_4	CH_5^+	527
H_2O	H_3O^+	706
CH_3OH	$CH_3OH_2^+$	761
$i\text{-}C_4H_{10}$	$t\text{-}C_4H_9^+$	807
NH_3	NH_4^+	840

* PA (Protonenaffinität) ist die bei der Reaktion $M + H^+ \rightarrow MH^+$ freiwerdende Energie

c) Für S_E-Reaktionen

Gas	Plasmaionen	H^0 (kJ/mol)
$Si(CH_3)_4$	$Si(CH_3)_3^+$	589
$i\text{-}C_4H_{10}$	$t\text{-}C_4H_9^+$	697
CH_4	$C_2H_5^+$	917
NO	NO^+	984

(s. Abb. 7). Voraussetzung für den Ablauf jeder Reaktion ist deren Exothermizität. Auch hier gilt wieder: Wird bei der Reaktion nur wenig Energie frei, so werden nur M^+, Quasi-Molekülionen oder solche Ionen beobachtet, die daraus durch schnelle stark exotherme Prozesse entstehen können (z. B. $ROH \rightarrow ROH_2^+ \rightarrow R^+ + H_2O$). Ist die Ionisierungsreaktion stark exotherm, so ist mit einem fragmentreichen Spektrum zu rechnen. Bei CI ist insbesondere darauf zu achten, dass die Quasi-Molekülionen wie z. B. $[M+H]^+$ geradelektronisch (vgl. Abschn. 3.2) sind und daher häufig in anderer Weise zerfallen als die ungeradelektronischen $M^{+\bullet}$, die man z. B. durch EI erhält.

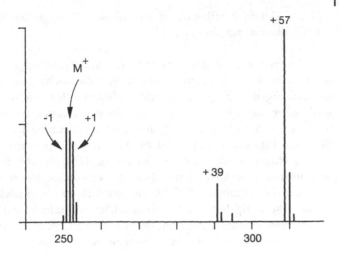

Abb. 7 CI(i-C$_4$H$_{10}$)-Spektrum von Z-Octadecen-6 (Molekülionenbereich).

Die Bedeutung von CI liegt in
- der gezielten Unterdrückung von Fragmentionen, d. h. der praktisch ausschließlichen Bildung von Quasi-Molekülionen zur Bestimmung der Molmasse und bei Gemischanalysen (meist $[M + H]^+$ durch Verwendung von Isobutan als Reaktandgas) (vgl. Abb. 26, Abschn. 3.6).
- der gezielten Ionisierung bestimmter Verbindungsklassen. So werden z. B. bei Verwendung von NH_3 als Reaktandgas, das seinerseits NH_4^+-Ionen liefert, die Protonen nur auf stark basische Verbindungen übertragen. Dies führt zur Vereinfachung bei Gemischanalysen (vgl. Abb. 35, Abschn. 6.2).
- Austausch acider H-Atome durch D_2O:
  $$R(OH)_n + H_3O^+ \rightarrow R(OH)_nH^+,$$
  $$R(OH)_n + D_3O^+ \rightarrow R(OD)_nD^+.$$

Auf diese Weise lässt sich die Zahl der austauschbaren H-Atome in einem Molekül bestimmen: Die Differenz der Massenzahlen bei Verwendung von H_3O^+ bzw. D_3O^+ ist $n+1$.
- Nachweis bestimmter funktioneller Gruppen sowie allgemein Strukturermittlung durch gezielte „Chemie in der Gasphase". Praktisch verwertbare Verfahren konnten aber nur in wenigen Fällen entwickelt werden.
- Unterscheidung von Stereoisomeren (s. Kap. 11).
  Erzeugung negativer Ionen (NCI) [11]. Durch Wechselwirkung der aus der Glühkathode austretenden Primärelektronen mit Reaktandgasmolekülen entsteht eine große Zahl energiearmer (thermischer) Elektronen. Insbesondere halogenhaltige Verbindungen (z. B. halogenierte Dibenzdioxine) können wegen ihrer

hohen Elektronenaffinität auf diesem Wege mit großer Empfindlichkeit nachgewiesen werden.

Von der großen Zahl von Reaktandgasen und Reaktandgasgemischen (Tabelle 1 gibt einen Überblick über die wichtigsten Gase und ihre Eigenschaften), die in vielen Arbeiten untersucht worden sind, haben die meisten nur Interesse für das Studium bestimmter Ionen-Molekül-Reaktionen. Eine gewisse Bedeutung hat NO^+ für die Lokalisierung von Doppelbindungen und Epoxidgruppen in langkettigen Kohlenwasserstoffen erlangt [12a]. In der Praxis wird überwiegend Methan und Isobutan verwendet, wobei man sich nur die gegenüber $M^{+\bullet}$ höhere Stabilität der geradelektronischen $[M + H]^+$-Ionen für Molmassenbestimmungen und das Fehlen von Fragmentionen in der Gemischanalytik zu Nutze macht (s. auch *Tandem-Massenspektrometrie*, Abschn. 3.6).

! **Achtung** *Es kann auch zu Reaktionen zwischen Substrat und Reaktandgas (z. T. unter Katalyse der Metalloberflächen der Ionenquelle) vor der Ionenbildung kommen. Hierher gehören Hydrierungs- (H_2, CH_4, i-C_4H_{10}) und Dehydrierungs- und Oxidationsreaktionen (NO, O_2), aber auch z. B. Ersatz von Halogenen durch Wasserstoff [12b].*

Die zu analysierende Substanz kann in beliebiger Weise in die Ionenquelle eingebracht werden, z. B. über einen Gaschromatographen oder durch Direkteinlass. Für besonders schwer flüchtige und zersetzliche Substanzen verwendet man einen Probenträger, der direkt in das Reaktandgasplasma eingeführt wird (DCI).

2.2.3
Oberflächenionisation (Desorptionsverfahren)

Die zu untersuchende Substanz wird entweder direkt oder gelöst in einer „Matrix" auf eine feste Oberfläche („*Target*", „*Emitter*") aufgebracht und mit energiereichen Partikeln bzw. mit einem Laserstrahl beschossen (Abb. 8) oder einem starken elektrischen Feld ausgesetzt. Das Aussehen der Spektren hängt sehr vom Ionisierungsverfahren sowie von der Probenvorbereitung (Matrix, Zusätze, Beschaffenheit des Targets) ab. Bei FD und FAB werden häufig Bruchstückionen beobachtet, bei denen es sich aber meist um Produkte handelt, die durch thermische oder hydrolytische Spaltungen entstanden sind. Wichtig bei allen Oberflächenverfahren ist, dass sich die Analysensubstanz an der Oberfläche anreichert. Bei Substanzgemischen kann es vorkommen, dass nur die Signale einzelner oberflächenaktiver Substanzen das Massenspektrum do-

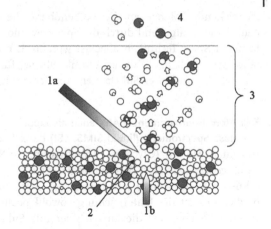

Abb. 8 Desorption und Bildung positiver Ionen. 1. Strahl energiereicher Partikel (*1a* bei FAB Xe-Atome, bei MALDI-Photonen, *1b* bei PD Zerfallsprodukte von ^{252}Cf). 2. Kollisionskaskade und Desorption von Clustern. 3. FAB: *Selvedge Region*, MALDI: *Plume*; Übergangsregion gekennzeichnet durch hohen Druck und zahlreiche Kollisionen, Zerfall der Cluster, ggf. Ionenbildung durch Ionen-Molekül-Reaktionen wie Anlagerung von H^+ usw. 4. Im Hochvakuum erfolgen keine weiteren Kollisionen, d.h., es werden nur monomolekulare Zerfälle beobachtet.

● $[M + H]^+$, $[M + Na]^+$
●○ $[M + H + Matrix]^+$ Cluster
● Analyt
○ Matrixmolekül
φ Matrixcluster z.B. $[2\ Matrixmoleküle + H]^+$
° Ionen wie: H^+, Na^+, K^+

minieren und die anderer Komponenten vollkommen unterdrückt werden. Größere Mengen anorganischer Salze stören häufig.

Felddesorption (FD) [9a].
Als Emitter dient ein dünner Wolframdraht, auf den feine Kohlenstoffnadeln wie die Borsten einer Flaschenbürste aufgewachsen sind. Zwischen Emitter und Gegenelektrode liegt eine Spannung von mehreren kV. Man unterscheidet zwischen „echter" und „unechter" Felddesorption. Unpolare Verbindungen werden an den Nadelspitzen des Emitters durch das starke inhomogene Feld ionisiert und treten als $M^{+\bullet}$ in die Gasphase über (echte FD; vgl. FI, Abschn. 2.2.1). Durch Anlagerung von Ionen (z. B. H^+, Na^+, Cl^-) gebildete Quasi-Molekülionen polarer Verbindungen werden von der Oberfläche der halbflüssigen Probe durch das angelegte Feld extrahiert, wobei der Emitter nur als Probenträger dient. Ionenbildung kann entweder durch H^+-Übertragung zwischen zwei Substanzmolekülen oder durch Anlagerung von Kationen oder Anionen aus zugesetzten Salzen erfolgen; andere Zusatzstoffe wie Inosit oder Weinsäure können den Ionentransport zur Oberfläche verbessern (unechte FD). Bei polaren Verbindungen wird man daher Quasi-Molekülionen nur dann erwarten können, wenn sich unter den Versuchsbedingungen stabile Ionen bilden und diese in

ausreichender Menge an die Probenoberfläche transportiert werden. FD ist weitgehend durch die apparativ und experimentell einfacheren Spray-Techniken abgelöst worden, kann aber durch eine besondere Probenzuführungstechnik [9b, 9c] für die Analyse extrem luftempfindlicher Substanzen von Bedeutung sein.

Fast Atom Bombardment (FAB), auch als Liquid Secondary Ion Mass Spectrometry (liquid SIMS, LSI) bezeichnet [13]

Das „Blasenkammermodell" [13 d] nimmt an, dass in der infolge des hohen Vakuums überhitzen Matrixflüssigkeit die auftreffenden Teilchen Dampfblasen freisetzen, die dann in Mikrobläschen zerfallen. Damit könnte die schonende Überführung von labilen Substanzen aus der Matrix in die Gasphase erklärt werden.

In einer Matrix (Glycerin, Thioglycerin, *m*-Nitrobenzylalkohol usw.) *gelöste* (wichtig!) Verbindungen werden mit einem Strahl schneller Edelgasatome (am besten Xe) oder mit Cs^+-Ionen bombardiert. Es ist die Untersuchung sowohl positiver wie negativer Ionen möglich. Liegt die zu analysierende Substanz bereits ionisiert vor oder können Ionen durch Anlagerung von H^+- oder Na^+- (s. o. FD) Ionen gebildet werden, so werden diese Quasi-Molekülionen durch eine durch die auftreffenden Teilchen ausgelöste Stoßkaskade in die Gasphase gebracht. Polare Neutralmoleküle werden als solche desorbiert und – hier gehen die Ansichten über den Ionisierungsmechanismus auseinander – entweder in unmittelbarer Nähe der Flüssigkeitsoberfläche (sog. *Selvedge*-Region) oder weiter davon entfernt durch Ionenpaarbildung oder Ionen-Molekül-Reaktionen ionisiert. Das Aussehen des FAB-Spektrums einer Verbindung kann sehr stark von der gewählten Matrix und eventuellen Zusätzen abhängen (Abb. 9). Positiv- und Negativ-Ionen-Spektren können sich insb. bei Verbindungen, welche anionische und kationische Substituenten enthalten, in ihrem Informationsgehaltes ergänzen.

! **Achtung** *Substratmoleküle können mit der Matrix reagieren [14]. Am häufigsten beobachtet werden Hydrierungs- (Thioglycerin) und Dehydrierungsreaktionen (m-Nitrobenzylalkohol). Es kann auch zu Anlagerung von Matrixmolekülen an die Substrat-Ionen kommen (Clusterbildung). Ein häufig beobachtetes Signalpaar mit einer Massendifferenz von 16u kommt dadurch zustande, dass sowohl $[M + {}^{23}Na]^+$ als auch $[M + {}^{39}K]^+$ gebildet werden (es liegt also keine weitere Verbindung mit einem zusätzlich Sauerstoff vor!).*

Eine für die Kopplung eines Massenspektrometers mit einem Flüssigchromatographen entwickelte Variante ist das „flow-FAB": Hierbei tritt das Eluat des Flüssigchromatographen nach Zusatz von Matrixmaterial durch eine Kapillare in die Ionenquelle ein und breitet sich auf dem Target aus. Im Idealfall wird eine Fraktion nach der anderen in die Ionisierungszone des Targets transpor-

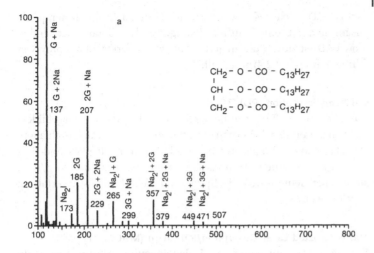

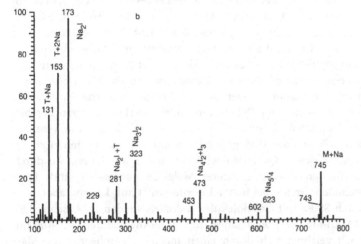

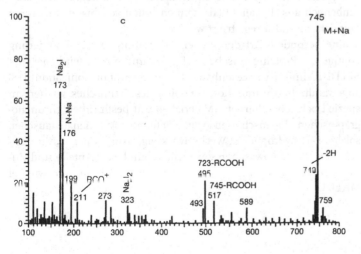

Abb. 9 FAB-Spektrum eines Triglycerids (Matrixzusätze jeweils CH_2Cl_2, CH_3OH, NaI): (a) Matrix Glycerin (G); man sieht praktisch nur Ionen, die durch Anlagerung von Na^+ an Cluster von G und NaI entstanden sind, (b) Matrix Thioglycerin (T); es überwiegen Ionen der Zusammensetzung $Na_{n+1}I_n^+$, man kann aber $[M + Na]^+$ erkennen, (c) Matrix m-Nitrobenzylalkohol (N); Matrix- und Salzionen treten zurück, das Spektrum wird beherrscht von substanzspezifischen Ionen.

tiert [15]. Da sich das unverbrauchtes Material in der Ionenquelle ansammelt, ist eine häufige Reinigung des Geräts notwendig. Flow-FAB ist durch die in jeder Hinsicht überlegenen Spray-Verfahren (Abschn. 2.2.4) überholt.

Cf-Plasmadesorption (PD) [16]

Aus der auf ein Target aufgebrachten Probe werden vorgebildete Substanzionen durch Kernspaltstücke von ^{252}Cf herausgeschlagen. Der Hauptanwendungsbereich von PD lag in der Peptid- und Proteinanalytik in einem Molmassenbereich bis etwa 100 000 g/mol, sie ist aber heute durch die Spray- und Laser-Ionisationsverfahren abgelöst worden.

Matrix-Assisted Laser Desorption/Ionisation (MALDI) [17]

Die zusammen mit einer im Wellenlängenbereich des Lasers absorbierenden Matrix (UV-MALDI: N_2-Laser 337 nm, z. B. Nicotinsäure oder 2,5-Dihydroxybenzoesäure; IR-MALDI: Nd/YAG-Laser 1.06 μm, Glycerin) auf ein Target aufgebrachte Probe wird mit einem gepulsten Laser bestrahlt. Die von der Matrix aufgenommene Anregungsenergie führt zur Desorption von (positiven oder negativen) Substationen. Der genaue Ionisationsmechanismus wird noch nicht in allen Details verstanden. MALDI-Spektren der bisher hauptsächlich untersuchten Peptide sowie die von synthetischen Polymeren sind geprägt von einfach und (seltener) mehrfach geladenen Quasi-Molekülionen sowie von Ionen, die durch Zusammenlagerung mehrerer Moleküle entstanden sind. Fragmentionen treten bei hoher Laserintensität auf, können aber auch durch Stöße mit Gasmolekülen induziert werden (s. Abschn. 3.6). MALDI-MS in Kombination mit TOF-Analysatoren (s. Abschn. 2.3.2) zeichnet sich durch einen theoretisch unbegrenzten Massenbereich aus. In der Praxis können Ionen von bis zu mehreren Hunderttausend u registriert werden.

Eine besondere Art der Probenvorbereitung zur Fraktionierung komplexer Proteingemische (z. B. Serumproben) wird bei der SELDI-Technik (surface enhanced laser desorption/ionization) [18] angewandt: Bestimmte Komponenten des Gemisches werden an speziell beladenen Targets (Materialien mit bestimmten chromatographischen Eigenschaften wie Kationen-, Anionenaustauscher, solche für hydrophobe Wechselwirkung, Antikörper usw.) festgehalten. Nach Abwaschen der nicht gebundenen Anteile und Zusatz einer Matrixlösung erfolgt Desorption und Ionisation wie bei MALDI.

2.2.4
Sprayverfahren

Das Prinzip der „Ionenverdampfung" besteht darin, dass Nebeltröpfchen erzeugt werden, die einen Überschuss an positiven oder
negativen Ladungsträgern enthalten. Durch Verdampfung verlieren sie neutrale Lösungsmittelmoleküle, wodurch die Oberflächen-
ladung/cm^2 wegen des kleiner werdenden Tröpfchenradius bis zu
einem Grenzwert zunimmt, dem sog. *Raleigh-limit*, bei dem die
Coulomb-Abstoßung der gleichsinnigen Ladungen die Oberflä-
chenspannung übersteigt. Es kommt zum Zerfall in kleinere
Tröpfchen. Dieser Prozess kann sich mehrfach wiederholen. Zu-
letzt bleiben nach dem „*charged residue model*" entweder nur hoch
geladene Ionen zurück oder es kommt zum Austritt von Ionen
aus dem Tropfen in die Gasphase („*ion evaporation model*"). Die
Rate, mit der die Ionen austreten, hängt u. a. von deren Solvatati-
onsenergie ab, sodass bei Gemischen ein Ionentyp bevorzugt abgegeben werden kann. Die Ionen treten bei Atmosphärendruck in
die Gasphase über und werden durch ein Blendensystem in das
unter Hochvakuum stehende Massenspektrometer gebracht, wobei
Luft und Lösungsmitteldämpfe abgesaugt werden. Sprayverfahren
eignen sich zur Kopplung mit Kapillarzonenelektrophorese (CE)

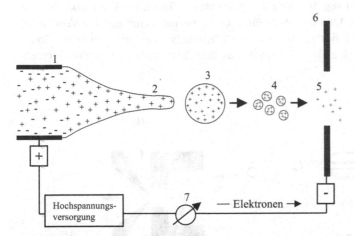

Abb. 10 Schematische Darstellung der Bildung positiver Ionen bei Electrospray. 1. Teilweise Entladung von Ionen an der Kapillarwand. 2. Ausbildung
eines *Taylor cone*. 3. Das gebildete Tröpfchen enthält entsprechend der angelegten Spannung positive oder negative Ionen im Überschuss. 4. Mit Abnahme des Tröpfchenradius sammeln sich Ionen infolge elektrostatischer Abstoßung an der Oberfläche. 5. Bildung gasförmiger Ionen. 6. Gegenelektrode.
7. Der Spray-Strom (Ladungsausgleich) ist ein Maß für die Stabilität des
Sprays und die Konzentration der Ladungsträger in der Lösung.

sowie mit Flüssigchromatographen (LC), allerdings ist man auf polare Lösungsmittel (H$_2$O, CH$_3$OH, CH$_3$CN) angewiesen. Vor allem nicht flüchtige Pufferzusätze (z. B. Phosphatpuffer) können eine ausreichende Abnahme des Tröpfchenradius und damit die Bildung gasförmiger Ionen stark behindern. Rückstandsfrei verdampfbare Puffer wie Ammonium- oder Pyridiniumacetat-Systeme stören weniger.

Electrospray (ESI) und Ionenspray (Abb. 11) [19]

Für eine miniaturisierte Version von Electrospray hat sich der Name Nanospray eingebürgert (Ø der Spraykapillare 1–5 μm, Flussrate ca. 20 nl/min). Nanospray zeichnet sich durch erhöhte Nachweisempfindlichkeit und Toleranz gegenüber der Salzkonzentration in der Analytlösung aus [19c].

Die beiden Verfahren unterscheiden sich durch den Mechanismus der Tröpfchenbildung. Bei *Electrospray* wird sie nur durch ein starkes elektrisches Feld, bei *Ionenspray* zusätzlich durch einen N$_2$-Strom bewirkt, wodurch hohe Flussraten (bis zu ml/min) bewältigt werden können. Beiden gemeinsam ist, dass durch Anlegen hoher Spannungen am Ende der Sprühkapillare ein Flüssigkeitskonus (*Taylor cone*) gebildet wird, an dessen Ende sich entsprechend der Feldrichtung positive oder negative Ionen ansammeln und aus dem schließlich geladene Tröpfchen entstehen. Verbindungen mit einer Molmasse bis etwa 1000 g/mol liefern meist einfach geladene [M + H]$^+$ Ionen, bei großen Molmassen werden z. T. sehr hoch geladene Ionen enthalten ([M + nH]$^{n+}$ (Abb. 12); *n* übersteigt bei Verbindungen mit vielen protonierbaren basischen Funktionen wie z. B. Albumin (Molmasse ca. 133000 g/mol) den Wert von 100, was zu Quasi-Molekülionen im Massenbereich von *m/z* 1200 bis 1400 führt. Um eine möglichst geringe Verschmutzung des Gerätes zu gewärleisten, werden die gebildeten Ionen durch elektrische Felder aus ihrer Flugrichtung abgelenkt (versetz-

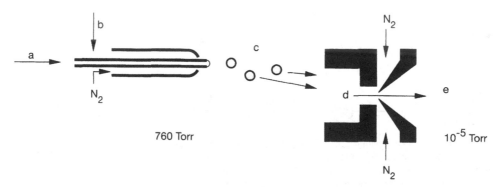

Abb. 11 Schematische Darstellung eines Ionenspray-Interface: (a) Kapillare des Flüssigchromatographen, (b) unter Hochspannung stehende Zerstäuberkapillare, (c) geladene Tröpfchen, (d) Ionen, (e) zum Massenspektrometer (aus „The API Book" mit freundlicher Erlaubnis von SCIEX, Ontario © 1989).

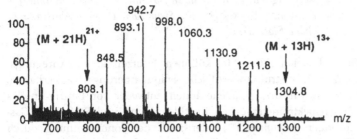

Abb. 12 Ionenspray-Spektrum von Myoglobin. Zu erkennen sind $[M + 21 H]^{21+}$ bis $[M + 13 H]^{13+}$. Zu beachten ist, dass die einzelnen Linien stark komprimierte Peak-Cluster (s. Abb. 33, Abschn. 5.2) sind und der Masse des jeweils intensivsten Isotopenpeaks (hier mit der nominellen Masse +11 u) entsprechen (s. Abschn. 5.2) (aus „The API Book" mit freundlicher Erlaubnis von SCIEX, Ontario © 1989).

ter oder gewinkelter Bau der Geräte) und dadurch von Neutralteilchen getrennt (Abb. 11). Eine spezielle experimentelle Anordnung erlaubt es, Analyten bei Temperaturen zwischen –80 und +10°C zuzuführen („**cold spray ionization**", CSI). Auf diese Weise können sehr labile organische Strukturen wie supramolekulare Verbindungen und empfindliche Biomoleküle untersucht werden [20].

Wird eine Serie hoch geladener Ionen ausschließlich durch die Anlagerung von n H^+ gebildet, lässt sich n und damit M aus zwei benachbarten experimentell bestimmten Ionenmassen m_1 und m_2 berechnen:

$$m_1 = (M + n \cdot m_H)/n \tag{7}$$
$$m_2 = (M + [n + 1] \cdot m_H)/(n + 1)$$

Für $m_H = 1$ ergibt sich

$$n = (m_2 - 1)/(m_1 - m_2) \tag{8}$$
$$M = n \cdot (m_1 - 1) \tag{9}$$

Am Beispiel Abb. 12 ergibt sich aus den Ionenmassen $m_1 = 998{,}0$ und $m_2 = 942{,}7$ für $n = 17$ und für $M = 16\,949$. In der Praxis wird die gesamte Serie der Signale für die Berechnung der Molmasse des Analyten herangezogen und die Einzelergebnisse werden anschließend gemittelt. Die Genauigkeit, mit der M bestimmt werden kann, hängt von den experimentellen Bedingungen, dem verwendeten Gerät und der Größe des Moleküls ab (bei kommerziellen Quadrupol- und Flugzeitgeräten kann man ±10 ppm als Richtwert nehmen).

! **Achtung**   *M ist nicht die in Abschn. 1 definierte Molmasse*
• *basierend auf $^{12}C_x{}^1H_y{}^{14}N_z$. Siehe Abb. 12 sowie Abschn. 5.2*
(hohe Massen).

Die gebildeten Quasi-Molekülionen besitzen kaum Anregungsenergie. Um strukturspezifische Fragmentierungen zu erhalten,
kann man niedrig geladene Ionen entweder vor Eintritt in das
Massenspektrometer durch Beschleunigung und Stöße mit Gasmolekülen (*skimmer*-CID) oder nach der Ionentrennung durch
Gasstöße (CID) zum Zerfall anregen (s. Abschn. 3.6).

Praktisch nicht mehr zur Anwendung kommt eine als **Thermospray** [21a] bezeichnete Technik. Dabei wird das Eluat eines
Flüssigchromatographen in einer heißen Kapillare in einen Nebel
übergeführt. Die Tröpfchen verlieren dann in einer heißen Kam-
mer einen Teil der Lösungsmittelmoleküle. Es kann wie bei ESI
zur Bildung von Tröpfchen mit Überschussladung kommen [21b],
Ionenbildung kann aber auch durch CI mit NH_4^+ aus zugesetztem
CH_3COONH_4-Puffer oder durch Corona-Entladung am Ende der
Austrittskapillare („**Plasmaspray**") erfolgen.

Particle Spray (auch als **Particle Beam** bezeichnet)
Dies ist kein Ionisationsverfahren, sondern eine Kopplungsmög-
lichkeit von Flüssigchromatograph und Massenspektrometer.
Durch einen He-Strom entsteht wie bei Ionenspray ein Nebel, die
Tröpfchen verlieren Lösungsmittelmoleküle, die abgetrennt und
abgesaugt werden, die Substanzmoleküle treten als solche in das
Massenspektrometer ein und werden dort durch EI oder CI ioni-
siert (s. Abschn. 6.2.1).

2.2.5
Spezielle Ionisierungsverfahren für Metalle
und anorganische Verbindungen

Sekundärionenmassenspektrometrie (SIMS) [22]
und verwandte Techniken
Eine in dünner Schicht auf einen Träger aufgebrachte Probe oder
die Oberfläche einer festen Probe wird im Hochvakuum mit
schnellen Ionen (z. B. Ar^+) bombardiert (vgl. Abschn. 2.2.3, FAB).
Durch die Stoßkaskade werden Neutralteilchen und Ionen freige-
setzt (*sputtering*). Verwandte Techniken sind **Glow Discharge** [23],
wobei *sputtering* der Probenoberfläche durch ein Edelgasplasma
bei ca. 100 Pa erfolgt, sowie die **Laser Microprobe Mass Spectrometry** (LAMMA), welche besonders für den Nachweis von Metallen in biologischen und Umweltproben eingesetzt wird [24].

Thermoionisation [25]
Die Probe wird auf ein Metallband aufgebracht, das so hoch aufgeheizt wird, dass Substanzionen austreten. Die Methode ist von Bedeutung für die Analyse bestimmter Elemente (z. B. in der Kernchemie) bei äußerst geringem Substanzverbrauch (pg) sowie zur Bestimmung der Isotopenzusammensetzung von Elementen.

Vakuum-Entladungen (Funkenionenquellen) [26]
Die Ionisierung erfolgt durch Funkenüberschlag zwischen Elektroden im Vakuum, wobei die Elektroden aus dem zu analysierenden Material bestehen. Das Verfahren wird hauptsächlich zur Analyse von Spurenverunreinigungen in Festkörpern (bis weit unter 1 ppm) verwendet, wozu es speziell konstruierter Massenspektrometer bedarf.

Inductively Coupled Plasma Massenspektrometrie (ICP-MS) [27]
In ein auf elektrischem Wege erzeugtes Plasma von mehreren Tausend K wird die Probe injiziert, wobei Metalle und viele Nichtmetalle einfach oder auch mehrfach ionisiert werden. Ähnlich wie bei den Spray-Verfahren treten die bei Atmosphärendruck erzeugten Ionen dann in das Massenspektrometer ein. Anwendung findet das Verfahren zur qualitativen und quantitativen Bestimmung von Metallen in biologischen Proben, in der Umweltanalytik, des Phosphorylierungsgrades von Proteinen (P-Nachweis) [28] usw.

2.3
Analysator

2.3.1
Beschleunigung

Um ein Massenspektrum zu erhalten, müssen die gebildeten Ionen nach ihren Massen getrennt werden. Hierzu werden sie im ersten Schritt auf bestimmte Ausgangsgeschwindigkeiten gebracht und zu einem Strahl gebündelt. Dies geschieht praktisch so, dass die Ionen durch ein schwaches Feld aus der Ionisierungsregion der Quelle, Abb. 5 (Abschn. 2.2.1) entfernt (A) und anschließend über ein Potenzialgefälle (B, C) beschleunigt werden (bei Magnetfeldgeräten mehrere kV, bei Quadrupolgeräten etwa 25 V). Aus dem durch elektrostatische Felder gebündelten Ionenstrahl wird dann durch einen Austrittsspalt ein schmaler Streifen herausgeschnitten. Die Geschwindigkeit v der einzelnen Ionen hängt nach Gl. (10) und Gl. (11) von der Ladung e und der Masse m der Ionen sowie von der Beschleunigungsspannung U ab:

$$e \cdot U = \frac{m \cdot v^2}{2} \tag{10}$$

$$v = \sqrt{\frac{2 \cdot e \cdot U}{m}} \tag{11}$$

2.3.2
Trennung der Ionen

Magnetfeldgeräte

Als bewegte geladene Teilchen lassen sich die Ionen auf verschiedene Weise trennen. Eine Möglichkeit besteht in der Ablenkung in einem Magnetfeld B (magnetische Induktion in T). Der Ablenkungsradius r (in m) ergibt sich durch Gleichsetzen von Lorentz- ($B{\cdot}e{\cdot}v$) und Zentrifugalkraft ($m{\cdot}v^2/r$) aus Gl. (12)

$$r = \frac{m \cdot v}{e \cdot B} \tag{12}$$

Substituiert man v nach Gl. (11), so erhält man für jede Masse m einen bestimmten Bahnradius r.

$$r = \sqrt{\frac{2m \cdot U}{e \cdot B^2}} \quad \therefore \quad \frac{m}{e} = \frac{B^2 \cdot r^2}{2U} \tag{13}$$

Aus Gl. (13) geht hervor, dass die Ionen nicht nach ihrer Masse, sondern nach dem Verhältnis Masse zu Ladung (m/e) getrennt werden, d.h., dass z.B. ein einfach geladenes Ion der Masse 46 u, ein doppelt geladenes Ion der Masse 92 u usw. denselben Bahnradius beschreiben. Daher gibt man nie m, sondern m/e (praktisch m/z, s. Abschn. 1) an.

Flugzeit (Time of Flight, TOF)-Massenspektrometer [29]

Die beschleunigten Ionen treten in ein Flugrohr ein. Setzt man in Gl. 11 für $v = s/t$ ein (s Länge des Flugrohres und t Flugzeit), so ergibt sich nach Gl. (14), dass leichtere Ionen das Ende des Flugrohres schneller erreichen als schwerere und so nach einander registriert werden können. Der Massenbereich ist bei Flugzeitgeräten daher im Prinzip unbegrenzt.

$$\frac{m}{e} = \frac{2U \cdot t^2}{s^2} \tag{14}$$

Bei neueren Geräten ist das Flugrohr abgewinkelt gebaut. Die Ionen fliegen in ein elektrisches Feld und werden in einem Winkel reflektiert (Ionenspiegel, Reflectron) (vgl. TOF-Teil in Abb. 17). Mit Reflectron-TOF-Geräten ist der Nachweis von Ionen, die durch Zerfall nach Verlassen der Ionenquelle entstehen (s. Abschn. 3.6.1), möglich. Flugzeitgeräte arbeiten gepulst, d.h. es werden Ionen erzeugt, beschleunigt und getrennt; diese Folge wird in kurzen Abständen wiederholt. Sie bieten sich daher für Ionisation durch Laserpulse (z.B. MALDI, Abschn. 2.2.3) an.

Ionenbeweglichkeitsspektrometer [30]

Hierbei handelt es sich um Gasphasenelektrophorese unter Atmosphärendruck. In der Luft enthaltene geringe Substanzmengen werden z.B. durch von ^{63}Ni emittierte Elektronen ionisiert (atmospheric pressure ionization, API) und gepulst in ein wenige cm langes Flugrohr gebracht, das z.U. von TOF einen elektrischen Feldgradienten enthält. Die Fluggeschwindigkeit der Ionen hängt von deren Masse, aber auch von der Anzahl von Stößen mit den Luftmolekülen (und damit von der Molekülform) ab. Damit können isobare Ionen mit unterschiedlichen Stoßquerschnitten (z.B. verschiedene Konfomere von Peptiden oder Proteinen) getrennt werden. Zur Massenbestimmung muss das Gerät für jede einzelne Substanz geeicht werden. Am Ende des Flugrohres treffen die Ionen auf eine Metallplatte; die Entlagungsströme werden registriert.

Verwendung findet die Ionenbeweglichkeitsspektrometrie in Flughäfen zum Aufspüren von Sprengstoffen, im militärischen Bereich von Kampfgasen, in der Umweltanalytik usw. Bei Vorliegen komplexerer Gemische ist eine GC-Vortrennung möglich.

Quadrupol-Massenspektrometer (Massenfilter) [31]

Ein Quadrupol besteht aus vier parallel im Quadrat angeordneten Metallstäben, von denen kreuzweise jeweils zwei mit einander leitend verbunden sind (s. Abb. 13). Die Ionentrennung erfolgt durch Ablenkung mit Hilfe elektrischer Felder: Legt man an zwei einander gegenüber liegende Stäbe (z.B. A und C in Abb. 14) eine Wechselspannung, so bauen sich abwechselnd positive und negative Felder relativ zur Mittelachse auf. Positive Ionen, die durch das Stabsystem fliegen, werden während der positiven Phase zur Mittelachse, während der negativen zu den Stäben hin beschleunigt (Abb. 14). Wie weit sie aus ihrer geradlinigen Bahn seitlich abgelenkt werden, hängt von der angelegten Spannung, der Frequenz

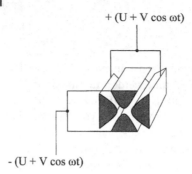

$+ (U + V \cos \omega t)$

Abb. 13 Schema eines Quadrupol-Analysators.

$- (U + V \cos \omega t)$

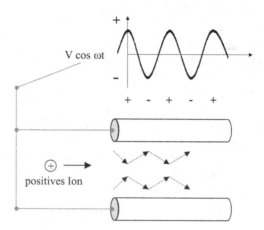

$V \cos \omega t$

positives Ion

Abb. 14 Ionenablenkung in einem Quadrupol durch Wechselfelder.

(Dauer der Einwirkung der alternierenden Felder) und der Masse der Ionen ab. Man überlagert nun die Wechselspannung mit einer positiven Gleichspannung, die eine generelle Ablenkung zur Mittelachse hin bewirkt. Bei schweren Ionen überwiegt der Einfluss der Gleichspannung. Sie können das A,C-Stabsystem passieren, während leichte Ionen bis zu einer bestimmten Masse so stark ausschwingen, dass sie die Stäbe treffen und entladen werden. An die Stäbe B und D wird eine um π versetzte Wechselspannung und eine negative Gleichspannung angelegt; letztere bewirkt, dass Ionen über einer bestimmten Masse zu den Stäben hin abgelenkt werden, während bei niedrigen Massen das positive Feld der Wechselspannung ausreicht, sie zur Mitte des Stabsystems zu bringen. Die Stäbe A und C sperren also für niedrige, B und D für hohe Massen. Durch geeignete Abstimmung der Gleich- und Wechselspannungen erreicht man, dass jeweils nur Ionen einer Masse das Stabsystem durchfliegen können. Der erfassbare Massenbereich endet bei guten Quadrupolgeräten bei 2000 u, bei einfacheren bei 1000 u. Wegen der geringen Spannungen und des durch schnelles exaktes Verändern von elektrischen (z. U. von Magnet-) Feldern möglichen „Springens" auch über große Massenbereiche bieten Quadrupolgeräte Vorteile bei Chemischer Ionisation (keine Überschläge oder Glimmentladungen bei höherem Quellendruck) und insb. bei GC/MS-Kopplung (s. Abschn. 2.4.2 – *multiple ion detection*), für die einfache Versionen als „massenspezifische GC-Detektoren" angeboten werden.

Quadrupol-Ionenfallen (Quistor, q-Ion Trap) [32]

Ähnlich wie bei Quadrupolgeräten werden Ionen durch Wechselfelder zwischen Elektroden auf komplizierte Bahnen gebracht. Durch Veränderung der Elektrodenspannungen werden Ionen bis zu bestimmten Massen aus dem „Käfig" entlassen. Geschieht diese Veränderung kontinuierlich, erhält man ein Massenspektrum. Ionenfallen arbeiten gepulst, d.h., es werden Ionen in einem Rhythmus von etwa 0,1 s erzeugt und registriert. Man kann aber auch den Ionentransfer aus der Quelle in die Ionenfalle verzögern und während dieser Zeit Reaktionen mit zugesetzten Reaktandgasen ablaufen lassen. Ebenso kann man Ionen mit einem bestimmten m/z-Wert in der Falle isolieren und durch Stoßaktivierung (s. Abschn. 3.6) zum Zerfall anregen. Dies ist durch Restgasmoleküle, aber auch durch Zusatz eines „Badegases" (He) möglich. Von den dadurch gebildeten Produktionen kann man wieder solche mit einem bestimmten m/z-Wert isolieren und nochmals zum Zerfall anregen. Dies ist in mehreren Zyklen möglich (MS").

Ionenfallen beanspruchen wenig Raum und sind durch Computersteuerung leicht zu bedienen. Wegen der im Vergleich zu den üblichen Ionenquellen langen Aufenthaltsdauer der Ionen (ms gegenüber µs) entsprechen reine EI-Spektren nicht unbedingt den in Bibliotheken registrierten Spektren (längere Reaktionszeiten), zusätzlich kann es wegen des höheren Quellendrucks zu Ionen-Molekül-Reaktionen („Auto-CI", d.h. Reaktionen mit unionisierten Substratmolekülen, wie auch mit anderen in der Quelle befindlichen Neutralteilchen) kommen.

Ionen-Cyclotron-Resonanz (ICR)-Spektrometer [33]

Ionen in einem starken Magnetfeld bewegen sich auf Kreisbahnen entsprechend Gl. (12). Da zum Unterschied bei der Ablenkung in Magnetanalysatoren v für die einzelnen Ionenmassen nicht konstant ist (die Ionen befinden sich in unterschiedlicher Entfernung vom Zentrum der Zelle), verwendet man statt v die Winkelgeschwindigkeit $\omega = v/r = e \cdot B/m$, und über $\omega/2\pi = v$ die Winkeloder Cyclotronfrequenz. Für m/e ergibt sich nach Gl. (15)

$$\frac{m}{e} = \frac{B}{2\pi v} \tag{15}$$

Die kreisenden Ionen werden durch Plattenelektroden (Abb. 15, a) auf einen engen Raum eingegrenzt. Bei Hochvakuum (~10^{-8} Pa) kann man die Ionen für Stunden kreisen lassen. Ionen können entweder in der ICR-Zelle z. B. durch EI erzeugt oder aus einer externen Ionenquelle eingebracht werden (wegen des notwendigen Hochvakuums in der ICR-Zelle ist dies notwendig bei Ionisierungstechniken, die mit höheren Quellendrücken arbeiten, wie CI, Electrospray oder MALDI). Zum Nachweis werden die Ionen durch einen rf-Impuls (Abb. 15, b), der den fraglichen Frequenzbereich überstreicht, in Phase gebracht. In der Kondensatorplatte unterhalb der Zelle induzieren die Ionenpakete Wechselspannungen (Abb. 15, c), welche durch Streuung der Ionen infolge von Kollision mit (auch bei Hochvakuum noch vorhandenen) Restgasmolekülen abklingen. Die so entstehende komplexe elektromagnetische Welle entspricht der Summe der Cyclotronfrequenzen aller Ionen gewichtet nach der Zahl der einzelnen Ionensorten. Aus ihr wird durch Fourier-Transformation das Massenspektrum errechnet (FT-ICR).

ICR-Geräte haben ein extrem hohes Auflösungsvermögen, das allerdings mit zunehmender Masse abnimmt, und eine hohe Empfindlichkeit. Während der langen Beobachtungszeit können Experimente durchgeführt werden wie die Untersuchung des Schicksals von Ionen bei unterschiedlichen Anregungsenergien, Ionen-Molekülreaktionen, MS^n usw.

ICR-Geräte sind in der Regel mit supraleitenden Magneten ausgestattet und entsprechend teuer, Messzeiten sind insbesondere bei hohem Auflösungsvermögen lange, auf die Notwendigkeit einer sehr leistungsfähigen Hochvakuumversorgung ist bereits hingewiesen worden.

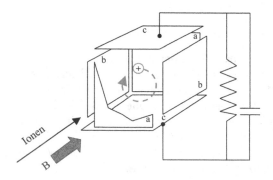

Abb. 15 Schema einer ICR-Zelle: (a) *Trapping*-Platten, (b) rf-Senderplatten, (c) Detektorplatten (B) Magnetfeld.

Beschleuniger-Massenspektrometer [34]

Diese Geräte dienen zur Quantifizierung von Isotopen, welche gegenüber den Hauptisotopen in geringen Mengen vorliegen, wie ^{14}C, welches bei rezenten Materialien ein Verhältnis von etwa $1:10^{12}$ zu ^{12}C und etwa $1:10^{10}$ zu ^{13}C aufweist. Der ^{14}C-Anteil bei antiken Materialien nimmt entsprechend der Halbwertszeit von ^{14}C (5730 Jahre) kontinuierlich ab, was deren Datierung ermöglicht. Elemente oder deren einfache Verbindungen wie Oxide werden durch *sputtering* mit Cs^+-Ionen (vgl. FAB, Abschn. 2.2.3) in ihre Anionen übergeführt, diese mit mehreren MeV beschleunigt und infolge ihrer hohen kinetischen Energie durch Kollision mit Neutalteilchen in ein- bis mehrfach geladene positive Ionen umgewandelt ($M^- \rightarrow M^{(n-1)+} + n\ e^-$). Ionentrennung (und Entfernung störender Fremdionen) erfolgt über einen Magnet- sowie mehrere elektrostatische Analysatoren. Die Ionen des überwiegend vorhandenen Isotops (hier ^{13}C) werden über einen Faraday-Auffänger quantifiziert, die Spurenisotope durch Einzelionenzählung. Eichung erfolgt über Standards. Beschleuniger-Massenspektrometrie, welche für Isotopenanalysen nicht nur in der historischen wie geologischen Forschung angewendet wird, ist durch die Datierung des Turiner Grabtuches [35] bekannter geworden.

Tandemgeräte

Die sequentielle Anordnung mehrerer Analysatoren hat im Wesentlichen zwei Gründe. Bei Magnetfeldgeräten diente ein zusätzlicher elektrostatischer Analysator zunächst der Verbesserung des Auflösungsvermögens (s. Abschn. 2.3.3). Erst später stellte sich heraus, dass die beiden Elemente genutzt werden konnten, um den Zerfall (ggf. nach Stoßaktivierung) von im ersten Analysator ausgewählten Ionen im zweiten Analysator zu untersuchen (Tandemmassenspektometrie, s. Abschn. 3.6).

Magnet-Elektrostat-Kombinationen (sog. Sektorfeldgeräte) haben einen hohen dynamischen Massenbereich (1 bis mehrere tausend u) bei hoher Auflösung und Messgenauigkeit, brauchen aber viel Platz und sind entsprechend teuer. Im Prinzip kann man praktisch alle Analysatortypen, ggf. auch mehrfach kombinieren (Kombinationen unterschiedlicher Analysatoren werden als Hybridgeräte bezeichnet).

Heute weit verbreitet sind Kombinationen von und mit Quadrupolanalysatoren. So bestehen die sog. Tripelquadrupolgeräte (Triplequad") aus drei Einheiten, von denen die erste zur Auswahl des zu untersuchenden Vorläuferions dient, während der zweite Quadrupol nur mit einer Wechselspannung versorgt (*radio frequency only*, kurz *rf only* Quadrupol: q) und als Stoßkammer ver-

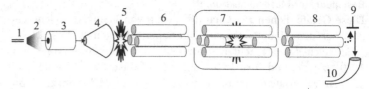

Abb. 16 ESI-Triplequad-Massenspektrometer. (1) ESI-Kapillare, (2) ESI-Spray, (3) geheizte Transferkapillare (Desolvatationsregion), (4) Skimmer, (5) Skimmer-CID-Region, (6) erster Quadrupol, (7) *rf only* Quadrupol, (8) dritter Quadrupol, (9) Ablenkelektrode und Konversionsdynode (durch das Auftreffen der Ionen entstehen beschleunigte Elektronen), (10) Detektion mit einem Sekundärelektronenvervielfacher (SEV).

wendet wird (Abb. 16). Die erzeugten Fragmentionen werden dann im dritten Quadrupol analysiert (sog. QqQ-Konfiguration). Der zweite (*rf only*) Quadrupol dient der Fokussierung des Ionenstrahls, um insbesondere Streuverluste durch Coulomb-Abstoßung zu minimieren. Triple-Quadrupol-Geräte zeichnen sich durch einfache Bedienung und hohe Empfindlichkeit aus.

Bei der Kombination von Quadrupol- und Flugzeitanalysatoren (wegen der rechtwinkligen Anordnung abgekürzt auch als orthogonal-Q-TOF-Geräte bezeichnet) [36a] (Abb. 17) erfolgt nach der Fokussierung des Ionenstrahls die Vorläuferionenselektion in einem „echten" Quadrupol. Im *rf-only*-Quadrupol werden die ausgewählten Ionen dann durch Stoßaktivierung fragmentiert und die Produktionen anschließend im rechten Winkel zur urspüng-

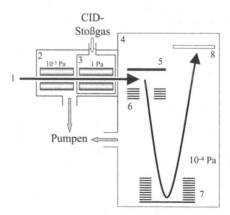

Abb. 17 Q-TOF-Massenspektrometer (1) durch Ionenoptiken fokussierter Ionenstrom, (2) Quadrupol zur Vorläuferionenselektion, (3) *rf-only*-Quadrupol für die Stoßaktivierung der selektierten Ionensorte, (4) TOF-Analysator mit Reflectron zur Produktionenanalyse, (5) gepulste orthogonale Beschleunigung der Ionen, (6) Beschleunigungssystem, (7) Reflectron, (8) Detektor.

lichen Flugrichtung in einen Reflectron-TOF-Analysator beschleunigt. Neben minimalem chemischem Rauschen gewährleistet die
orthogonale Anordnung des Reflectron-TOF-Analysators hohe
Auflösung (= 6000 FWHM, s. Abschn. 2.3.3) bei genauer Massen-
zuordnung (<50 ppm) und hoher Empfindlichkeit. Deswegen finden die Orthogonal-Q-TOF-Instrumente besonders für die Bestimmung der Aminosäuresequenz unbekannter Proteine oder für die
Analyse von Phosphopeptiden breite Anwendung [36 b, 36 c].

2.3.3
Auflösungsvermögen und Fokussierung

Ionenstrahlen haben eine endliche Breite, die bei Magnetfeldgeräten in erster Linie durch den Austritts- und den Kollektorspalt
(z. B. Abb. 20 und Abschn. 2.4.1) vorgegeben ist. Damit Ionen unterschiedlicher Masse getrennt voneinander registriert werden
können, dürfen sich ihre Strahlen nicht oder nur wenig überlappen. Ob dies für Ionen einer bestimmten Masse gegeben ist, zeigt
das Auflösungsvermögen A (in der englischsprachigen Literatur R
von *resolution*) an.

$$A = \frac{m}{\Delta m} \qquad (16)$$

Ein Auflösungsvermögen von 2000 bedeutet, dass ein Ion der
Masse $m = 1999$ u von dem der Masse $m = 2000$ u ($\Delta m = 1$) oder ein
Ion der Masse $m = 99{,}95$ u von dem der Masse 100,00 u
($\Delta m = 0.05$) getrennt abgebildet wird (bezüglich der von ganzen
Zahlen abweichenden Massen s. Abschn. 2.4.2). Was „getrennt abgebildet" bedeutet, kann unterschiedlich definiert werden. Für viele Gerätespezifikationen darf z. B. das Tal zwischen zwei gleich
großen Signalen nicht mehr als 10% der Signalhöhe ausmachen
(s. Abb. 18 a). Wie gut das Auflösungsvermögen sein muss, hängt
von der Fragestellung ab (z. B. quantitatives Arbeiten gegenüber
qualitativem Erkennen von Ionen; vgl. Abb. 19). Neben der %-Tal-
Definition wird hauptsächlich bei TOF-Geräten auch eine Definition verwendet, die sich auf die Breite des Signals in halber Höhe
bezieht (*full width half maximum*, FWHM) (s. Abb. 18 b). Quadrupolgeräte registrieren mit „Einheitsauflösung", d.h. es werden die
Ionenströme über Fenster von 0.7–1 u Breite zusammengefasst,
ohne auf partielle Überlappungen benachbarter Signale Rücksicht
zu nehmen. Signale von doppelt geladenen Ionen bei halben Massen werden teils der niedrigeren, teils der höheren benachbarten
Masse zugeschlagen (s. hierzu auch Abschn. 2.4.2 – Bestimmung
der nominellen Ionenmassen).

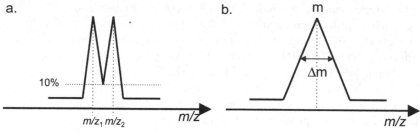

Abb. 18 Definitionen des Auflösungsvermögens: (a) 10% Tal), (b) Signalbreite in halber Peakhöhe (FWHM).

Abb. 19 (a) Ausschnitt aus einem schlecht aufgelösten Spektrum (weiter Austrittsspalt); (b) das gleiche Teilspektrum bei besserer Auflösung (engerer Austrittsspalt), die aber gleichzeitig eine Intensitätsverringerung der Signale mit sich bringt.

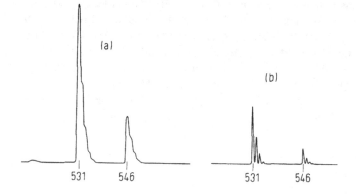

Außer von der Öffnung der Spalte hängt die Breite des Ionenstrahls einer Ionenart im Wesentlichen noch von zwei Faktoren ab:

1. Die den Austrittsspalt verlassenden Ionen fliegen nicht streng parallel, sondern in gewissen Grenzen auseinander (sog. Richtungsdispersion). Bei Magnetfeldgeräten können durch geeignete Gestaltung des Feldes die divergierenden Stahlen wieder in einem Punkt fokussiert werden (Abb. 20). Derart konstruierte Geräte bezeichnet man als einfach fokussierend; sie haben ein Auflösungsvermögen von etwa 1000 bis 2000.

Abb. 20 Schematische Darstellung eines Magnetanalysators mit Richtungsfokussierung (S$_1$ Austrittsspalt der Ionenquelle, S$_2$ Kollektorspalt, M Magnet).

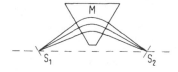

2. Ionen haben verglichen mit der durch die Beschleunigungsspannung erzeugten Geschwindigkeit v geringe, aber doch endliche Eigengeschwindigkeit v' nach allen Raumrichtungen, deren Vektor in der Flugrichtung sich zu v (Gl. 11) addiert, so
dass Ionen einer Masse eine Geschwindigkeitsbreite von $v \pm v'$
ergibt (Geschwindigkeits- oder Energiedispersion). Nach Gl. (12)
werden aber Ionen unterschiedlicher Geschwindigkeit im Magnetfeld verschieden stark abgelenkt. Dies führt zu einer Verbreiterung des Ionenstrahls. Durch Vorschalten eines elektrostatischen Sektorfeldes, das richtungsfokussierend und energiedis-
pergierend ist, kann diese Energiedispersion kompensiert werden (Geschwindigkeits- oder Energiefokussierung). Entsprechend ausgestattete Geräte (allgemein als Sektorfeldgeräte bezeichnet) bezeichnet man als doppelt fokussierend (Abb. 21).
Sie erreichen ein Auflösungsvermögen von 60000 und darüber.
Bei älteren Geräten ist immer der elektrostatische vor dem magnetischen Analysator angeordnet (wie in Abb. 21 gezeigt). Man
findet heute auch die sog. „umgekehrte Geometrie", bei der der
magnetische vor dem elektrostatischen Analysator liegt (Quelle
vor 4 und Auffänger hinter 1 in Abb. 21). Diese Anordnung hat
Vorteile bei bestimmten Messtechniken zur Analyse metastabiler Ionen (s. Abschn. 3.5).

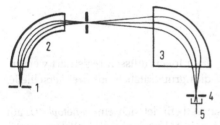

Abb. 21 Schematische Darstellung eines doppelt fokussierenden Massenspektrometers: (1) Austrittsspalt der Ionenquelle, (2) elektrostatischer Analysator, (3) magnetischer Analysator, (4) Kollektorspalt, (5) Kollektor. Zwischen
(1) und (2) erster, zwischen (2) und (3) zweiter feldfreier Raum.

Da durch MALDI erzeugte Ionen unterschiedliche Eigengeschwindigkeiten (Δv_{eigen}) haben, die sich zu der durch die Beschleunigungsspannung erzielten Geschwindigkeit addieren ($v_{Beschl.}$ +
Δv_{eigen}), kommt es zu einer Verbreiterung der Signale und damit
zu einer Begrenzung der erreichbaren Auflösung bei TOF-Geräten
im linearen Betrieb (s. Abschn. 2.3.2). Bei Geräten mit einem Ionenspiegel (Reflectron) erreicht man eine höhere Auflösung (bis 15000
FWHM, s. Abschn. 2.3.2): Schnellere Ionen dringen tiefer in das
elektrostatische Gegenfeld des Reflectrons ein als langsamere und

müssen damit einen weiteren Weg zum Kollektor zurücklegen, wodurch Refokussierung erreicht wird. Durch „verzögerte Ionenextraktion" („*delayed extraction*", „*time lag focussing*") können auch unterschiedliche Eigengeschwindigkeiten einer Ionensorte kompensiert werden: Wird die Beschleunigungsspannung etwas verzögert eingeschaltet, werden die schnelleren (und damit vom Probenträger schon etwas weiter entfernten) Ionen weniger stark beschleunigt als die langsameren. Dadurch kann – allerdings massenabhängig – refokussiert werden (je größer die Ionenmasse ist, desto langsamer sind die Ionen und desto länger muss mit dem Einschalten der Beschleunigungsspannung gewartet werden).

Nicht selten stößt man auf die Bezeichnung „hoch auflösend". Es ist dies ein ziemlich vager Ausdruck, der heute meist für ein Auflösungsvermögen verwendet wird, das ausreicht, um C,H,N,O-Multipletts (s. Abschn. 2.4.2 – genaue Massenmessung) bei organischen Verbindungen bei Massen bis etwa 1000 getrennt zu registrieren (also etwa 10 000 und darüber). Unter „niedrig auflösend" versteht man dementsprechend ausreichende Trennung nach nominellen Massen bis etwa 1500 u.

2.4
Registrierung

2.4.1
Technische Durchführung

Die den Analysator verlassenden Ionen müssen registriert werden. Bei Sektorfeldgeräten kann dies grundsätzlich auf drei verschiedenen Wegen erfolgen:

1. Am Ausgang des Analysators befindet sich eine *Photoplatte*, auf welche die mit verschiedenen Ablenkungsradien fliegenden Ionen auftreffen und die Platte schwärzen. Man erhält ein Linienspektrum, wobei sich aus der Lage der Linien durch Vergleich mit einer Eichsubstanz die m/z-Werte und aus dem Grad der Schwärzung die relativen Mengen der einzelnen Ionenarten berechnen lassen. Dieses Verfahren ist technisch aufwendig. Als über die Zeit integrierendes Verfahren findet es Anwendung, wenn stark fluktuierende Ionenströme registriert werden sollen (Funkenionisation, Plasmadesorption). Neuerdings werden auch „*Channeltron electron multiplier array*"-Detektoren in analoger Weise verwendet.

2. Am Ausgang des Analysators werden *mehrere Auffänger* so montiert, dass sie jeweils von einer Ionensorte, die ja ihren bestimmten Ablenkradius hat, getroffen werden. Die auf die Auf-

fänger auftreffenden Ionen werden entladen, die dadurch entstehenden Ströme verstärkt und registriert. Die Stromstärke ist proportional der Anzahl der auftreffenden Ionen. Diese Methode wendet man an, wenn nur wenige Ionenarten registriert werden sollen (z. B. Atemluftanalyse, Bestimmung von Isotopenverhältnissen wie $^{12}CO_2/^{13}CO_2$ bei der Analyse von Lebensmitteln oder $^{235}UF_6/^{238}UF_6$ in der Kerntechnik). Es können mehrere Ionensorten nebeneinander kontinuierlich mit großer Genauigkeit registriert werden. Als Auffänger dienen *Faraday*-Töpfe. Diese sind zwar wenig empfindlich, zeigen aber keine Diskriminierung unterschiedlicher Massen. D.h., die Intensität der durch die Entladung der Ionen gebildeten Ströme ist den Ionenströmen exakt proportional.

3. Bei dem für analytische Zwecke wichtigsten Verfahren wird am Ausgang des Analysators ein *Kollektorspalt* angebracht, der nur Ionen mit *einem* bestimmten Ablenkradius r_o durchtreten lässt (Abb. 20). Damit Ionen verschiedener Masse registriert werden, müssen sie nacheinander so abgelenkt werden, dass ihr Bahnradius r gleich r_o wird. Das kann nach Gl. (13) dadurch geschehen, dass man entweder U oder B kontinuierlich verändert. Beide Verfahren werden angewandt. Hinter dem Kollektorspalt befindet sich ein Auffänger (s. Pt. 2), auf den eine Ionensorte nach der andern auftrifft. Die Intensitäten der Entladungsströme werden heute meist mit Hilfe eines *Sekundärelektronenvervielfachers* (SEV) registriert. Durch jedes auftreffende Ion werden mehrere Elektronen aus der ersten Dynode herausgeschlagen, welche zu einer zweiten Dynode hin beschleunigt werden und ihrerseits aus dieser Elektronen herausschlagen usw., sodass es zu einem kaskadenartigen Anschwellen der Elektronenzahl kommt. SEVs registrieren schnell, verlieren aber ihre Empfindlichkeit mit der Zeit durch Veränderung der Dynodenoberflächen durch die auftreffenden Ionen und sie sind weniger empfindlich gegenüber den langsamer fliegenden schwereren Ionen.

Bei Quadrupol- und TOF-Geräten fliegen alle Ionen auf derselben Bahn. Der Auffänger kann daher direkt hinter der Ionenaustrittsöffnung angebracht werden. Bei Geräten, bei welchen die Ionen nur geringe kinetische Energie haben (Quadrupol, Ionenfalle, ICR), muss bei Verwendung eines SEV eine Konversionsdynode zwischengeschaltet werden, welche die Ionen nachträglich beschleunigt.

Ionensignale bezeichnet man gewöhnlich mit dem englischen Ausdruck „Peak", eine Reminiszenz aus der Zeit der Analogregistrierung, vgl. Abb. 19.

2.4.2
Ausgabe der Messdaten

Totalionenstrom

Der Totalionenstrom (TI) ist die Gesamtzahl der durch den Analysator tretenden Ionen. Er wird in willkürlichen Einheiten angegeben und dadurch gemessen, dass man einen Teil des Gesamtionenstrahls ausblendet und auf einen besonderen Auffänger leitet oder durch das Datensystem die Intensitäten der Einzelionenströme für jeden Massendurchlauf addiert. Der TI ist ein Maß für die Ionenausbeute und damit bei EI oder CI indirekt auch für den Dampfdruck in der Quelle. Um keine Intensitätsverfälschungen im Spektrum zu erhalten, muss der TI während der Messung konstant bleiben. Ein gleich nach Einführen der Probe stark ansteigender und dann wieder abfallender TI deutet auf die Anwesenheit leicht flüchtiger Verunreinigungen (z. B. Lösungsmittel, vgl. Abschn. 2.1.3) hin, ein stark schwankender TI auf ungleichmäßiges Verdampfen (z. B. Zerplatzen von Kristallen) oder thermische Zersetzung der Probe. Bei Kopplung mit einem Gaschromatographen kann man aus dem TI das Gaschromatogramm rekonstruieren (vgl. Abb. 23).

Selected Ion Monitoring

In der Umweltanalytik bei der Suche nach bestimmten Schadstoffen, in der Medikamentenforschung zum Nachweis von Metaboliten, bei der Erforschung von Stoffwechselkrankheiten oder der Diagnose von Vergiftungsfällen ist man oft genötigt, komplexe Gemische wie Harn- oder Blutproben zu analysieren, ist jedoch nur an ganz bestimmten Komponenten interessiert. Bei einer GC/MS-Analyse insbesondere im Routinebetrieb würde dabei die Analyse der Massenspektren aller gaschromatographischen Fraktionen einen nicht zu bewältigenden Arbeitsaufwand mit sich bringen. Weiß man, nach welchen Verbindungen man sucht, d. h., interessiert nur deren An- oder Abwesenheit bzw. die Menge, so kann man statt der vollständigen Spektren die Ionenströme einzelner ausgewählter m/z-Werte (M^+ sowie charakteristische Fragmente) während der gesamten GC-Analyse registrieren, indem man zyklisch von einer Masse zur andern springt (*„multiple ion detection"*, MID; registriert man nur ein Ion, so spricht man von *„single ion detection"*, SID oder *„single ion monitoring"*, SIM). Nur bei dem GC-Peak, der die gesuchte (oder allenfalls eine sehr ähnliche) Substanz enthält, wird man auch die Signale aller ausgewählten Ionen im richtigen Intensitätsverhältnis beobachten (s. Abb. 22). Als zusätzliches Identitätskriterium kann man die gaschromatographischen Retentionszeiten heranziehen. Gegebenenfalls ist eine che-

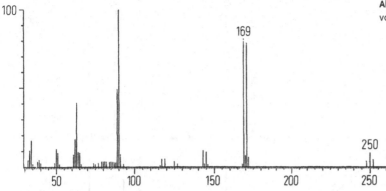

Abb. 22 a Massenspektrum von $C_7H_6Br_2$.

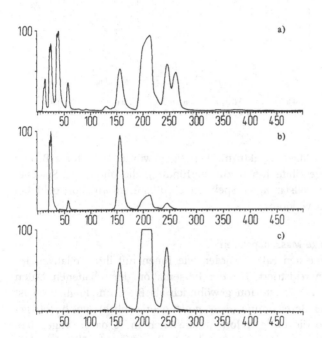

Abb. 22 b Analyse eines Raktionsgemisches von C_6H_6 mit CBr_2: a) Gaschromatogramm, b) und c) Ionenspuren m/z 250 und 169. Die Fraktionen 160, 210 und 250 enthalten beide Ionen, Fraktion 160 kann aber die gesuchte Substanz nicht enthalten, da das Intensitätsverhältnis m/z 250 zu m/z 169 etwa 1:10 betragen muss (s. Abb. 22 a).

mische Derivatisierung sinnvoll. So sind N-Trifluoracetyl-aminosäure-isopropylester (TAP-Derivate) für eine GC-Analyse ausreichend flüchtig und man kann das ihnen gemeinsame CF_3^+-Ion (m/z 69) registrieren (Abb. 23).

Werden über den gesamten GC-Lauf vollständige Spektren registriert, erhält man eine ähnliche Darstellung, wenn nur die Intensitäten der Ionenströme ausgewählter Ionen als Funktion der Zeit abgebildet werden. Der Vorteil von MID liegt im geringeren apparativen Aufwand und einem deutlichen Gewinn an Empfindlichkeit (die Messzeit, die man für die Registrierung eines voll-

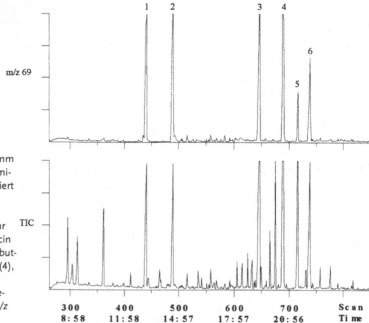

Abb. 23 Gaschromatogramm eines Extraktes, welcher Aminosäuren enthält, derivatisiert als N-Trifluoracetyl-isopropylester (rekonstruiert aus dem TI), und die Ionenspur m/z 69 (CF_3^+). Nur die Glycin (1), Serin (2), 2,4-Diaminobuttersäure (3), Phenylalanin (4), Ornithin (5) und Lysin (6) enthaltenden Fraktionen liefern auch ein Signal bei m/z 69.

ständigen Massenspektrums benötigen würde, steht für z. B. nur drei ausgewählte Ionen zur Verfügung), die durch die Speicherung der vollständigen Spektren abrufbare Information geht bei MID aber verloren.

Vollständige Massenspektren

In den meisten Fällen werden alle Ionen mit ihren relativen Intensitäten registriert. Bei der Präsentation der erhaltenen Daten wird das intensivste Ion gewöhnlich als Basis (im Englischen ist daher die Bezeichnung „base peak" gebräuchlich) gleich 100 gesetzt und die übrigen Ionenintensitäten in % davon angegeben (% relative Intensität, als % rel. Int. abgekürzt). In älteren Arbeiten findet man auch die Summe aller Ionenintensitäten gleich 100 gesetzt und die Einzelintensitäten in % davon angeben (als $\%\sum$ abgekürzt). Begann man mit der Summation bei einer bestimmten Masse (z. B. m/z 40, um eventuelle Luftsignale nicht mitzurechnen), wurde dies durch $\%\sum_{40}$ angedeutet.

Man kann die Messdaten in Tabellen- oder Diagrammform wiedergeben. Tabellen (wie für Benzol in Tabelle 2; das entsprechende Strichspektrum findet sich in Abb. 81) sind Platz sparend und haben den Vorteil beliebiger Genauigkeit, werden aber häufig als unübersichtlich empfunden, besonders, wenn es darum geht,

Tab. 2 Massenspektrum von
Benzol

m/z	Rel. Int.	m/z	Rel. Int.
37	4.0	53	0,80
37,5	1,2	63	2,9
38	5,4	64	0,17
38,5	0,35	73	1,5
39	13	74	4,3
39,5	0,19	75	1,7
40	0,37	76	6,0
48	0,29	77	14,0
49	2,7	78	100,0
50	16	79	6,4
51	18	80	0,18
52	19		

mehrere Spektren zu vergleichen. Strichspektren (s. z. B. Abb. 2, Kap. 1) sind übersichtlich, machen den Vergleich von Spektren leicht und können mit zusätzlichen Informationen (Strukturformeln, Beschriftung einzelner Peaks) versehen werden. Sie sind aber, besonders wenn im Druck die Abbildungen klein ausfallen, weniger genau und haben einen dynamischen Bereich von maximal zwei Dekaden, d. h., Peaks mit einer rel. Int. von < 1 % werden unterdrückt. Dies lässt sich dadurch umgehen, dass man einzelne Bereiche des Spektrums vergrößert oder verkleinert: ×10 bedeutet, dass die Intensität des Peaks mit dem Faktor 10 zu multiplizieren ist, um den wahren Wert zu erreichen, ×0,1 (z. B. in Abb. 74 und 77) besagt, dass der ganze Bereich unter der eckigen Klammer mit 10-mal zu großer Intensität wiedergegeben ist. Die Faktoren 10 und 0,1 werden manchmal auch umgekehrt gebraucht (d. h., ×10 soll andeuten, dass der Bereich vergrößert gezeichnet wurde), aber i. a. ist aus dem Spektrum klar, was gemeint ist.

Bestimmung der nominellen Ionenmassen
Bei allen neueren Geräten werden die Massenzahlen von einem Rechner durch Vergleich mit einer Eichkurve zugeordnet. Die Eichung sollte aber regelmäßig überprüft werden!

! Achtung *Die Eichkurven sind gewöhnlich für organische Moleküle ausgelegt, d. h., sie berücksichtigen die durch $^1H = 1,007825\,u$ bedingte positive Massenabweichung (ca. +0,1 u je 100 u). Dies ist zu beachten, wenn man es mit stark negativer Massenabweichung (Halogene und viele Metalle) zu tun hat. So liegen die Ionen mit der nominellen Masse 498 u $C_{36}H_{66}^+$ (498,5165 u) und $C_2^{79}Br_6^+$ (497,5100 u) um mehr als eine Masseneinheit auseinander. $C_2^{79}Br_6^+$ würde mit der nominellen Masse von 497 u registriert (bezgl. extrem hoher Massen s. Abschn. 5.2). Auf diese Massenabweichungen muss man besonders bei Quadrupolgeräten mit Einheitsauflösung (Abschn. 2.3.2) achten, damit die Massenfenster richtig gelegt werden.*

Bestimmung der exakten Ionenmasse

Wie aus der Tabelle Kap. 15 ersichtlich, weichen alle Isotopenmassen (mit Ausnahme von $^{12}C = 12,000000$) von ihrer nominellen Masse etwas ab. Die genauen Massenwerte von Ionen lassen sich auf verschiedene Weise messen:

1. Auf Photoplatten oder Registrierstreifen durch Distanzmessung zu Ionen bekannter Masse (es gibt hierfür eine Reihe von Eichsubstanzen). Im fraglichen Bereich muss die Massenskala linear sein.

2. „Peak matching": Die Signale („Peaks") des zu messenden und eines Vergleichsions bekannter Masse werden auf einen Bildschirm projiziert. Die Beschleunigungsspannung für eine Ionenart wird mit Hilfe eines Potentionmeters so lange verändert, bis die beiden Signale zur Deckung gebracht, d. h., ihre Ablenkungsradien gleich sind. Nach Gl. (13) folgt (für einfach geladene Ionen bei konstantem B) $m_1 : m_2 = U_2 : U_1$, woraus sich die unbekannte Masse berechnen lässt. Dieses Verfahren ist genau, aber zeitaufwendig.

3. Moderne Massenspektrometer sind mit Rechnern ausgestattet, die anhand einer Eichkurve oder durch Interpolation zwischen zwei Referenzmassen genaue Massen bestimmen können.

Genau genommen müsste man bei einfach positiv geladenen Ionen die Ruhemasse eines Elektrons (0,00055 u) von der Isotopenmasse abziehen (bei negativen Ionen addieren). Bei sehr hoch geladenen Ionen (vgl. Sprayverfahren, Abschn. 2.2.4) könnte dies von Bedeutung sein. In einem ICR-Spektrum kann man z. B. den Massenunterschied von $^{35}Cl^+$ und $^{35}Cl^-$ bestimmen.

Die Genauigkeit der Massenbestimmung sollte je nach Messbedingungen nicht schlechter als etwa ±0,5–5 ppm oder ±1–3 Millimasseneinheiten (mu) sein (s. auch Abschn. 4.2). 1 ppm entspricht bei einer Masse von 1000 u 1 mu.

Bei der Durchführung von genauen Massenmessungen ist auf Multipletts zu achten. Durch Kombination von C, H, N und O können z. B. bei organischen Verbindungen isobare Ionen entstehen, die je nach dem Auflösungsvermögen der Geräte getrennt abgebildet werden oder zu einem Signal zusammenfallen. Als Beispiel diene m/z 28:

N_2 28,006148
CO 27,994915
C_2H_4 28,031300
CH_2N 28,018724

Ist das Auflösungsvermögen zu gering, so erhält man nur einen Peak, dessen Intensitätsmaximum irgendwo zwischen den Maxima der Einzelsignale liegt und natürlich keinen brauchbaren Massenwert liefert. Für genaue Massenmessungen sollte daher das Auflösungsvermögen des Gerätes bei organischen Verbindungen routinemäßig zwischen 10000 und 20000 liegen; in bestimmten Fällen (Anwesenheit von D) muss es u. U. auch höher sein (Überschlagsrechnung!). Man muss sich auch darüber im Klaren sein, dass Auflösungsvermögen und Genauigkeit der Massenbestimmung nicht dasselbe bedeuten (s. Aufgabe 3).

2.5
Rechnersysteme [37]

Massenspektrometer sind heute mit mehr oder weniger aufwendigen Datensystemen ausgestattet. Die wichtigsten Anwendungsbereiche sind:

Steuerung des Massenspektrometers, Aufnahme und Speicherung der Rohdaten sowie deren Verarbeitung und Ausgabe.

Manipulation der Messdaten, z. B. Korrektur bei Druckschwankungen, Subtraktion von Signalen, die von Verunreinigungen stammen (z. B. Säulenbluten oder allgemeiner Untergrund im GC-Betrieb) usw.

Bibliothekssuche. Der Rechner vergleicht das erhaltene Spektrum mit den Spektren einer Sammlung (s. Kap. 12, Spektrensammlungen beschränken sich im Wesentlichen auf EI-Spektren) und macht eine Reihe von Strukturvorschlägen mit abnehmendem „Übereinstimmungsgrad" („*match factor*") zwischen gemessenem und Bibliotheksspektrum. Enthält die Spektrensammlung die gesuchte Verbindung, so wird diese in der Regel der erste oder unter den besten Vorschlägen sein (vgl. hierzu Abschn. 3.7 und 8.2), andernfalls hat man eine gute Chance, strukturell ähnliche Verbindungen (Isomere, Homologe) vorgeschlagen zu erhalten, die bezügl. der eigenen Verbindung auf die richtige Spur führen (wie man „Ähnlichkeit" definiert, darüber gibt es lange Abhandlungen). *Es kommt aber immer wieder vor, dass der beste Vorschlag vollkommen daneben liegt!* Da heute Speicherplatz kein Problem ist, enthalten die kommerziell erhältlichen großen Spektrensammlungen meist ganze Spektren. Ältere Sammlungen beschränken sich aber häufig auf verkürzte Wiedergaben wie die 8 intensivsten Peaks im Spektrum.

Es gibt Ansätze zur rechnergestützten Interpretation von Massenspektren. Hierher gehört z. B. die Generation aller möglicher Strukturen zu einer Summenformel, Auswahl bestimmter Vorschläge aufgrund von Fragmentierungsregeln, Erkennen von Strukturelementen durch Vergleich des aufgenommenen Spektrums mit den in Bibliotheken gespeicherten usw. Praktische Bedeutung hat dies innerhalb eng definierter Substanzklassen wie z. B. der Bestimmung von Aminosäuresequenzen von Peptiden.

Bei allen Vorteilen, die Rechner bieten können, sollte man deren Probleme nicht aus dem Auge verlieren. Diese können neben Fehlern und Störungen in den Programmen schon in der Spektrenaufnahme liegen (Wie erkennt der Rechner einen Peak? Welchen Bereich rechnet er ihm zu – etwa von halber zu halber Masse? Werden doppelt geladene Ionen bei halber Masse und Signale metastabiler Peaks als solche erkannt? Was ist bei Manipulationen wie Untergrundsubtraktion tatsächlich geschehen? Ist ein wichtiger Peak von geringer Intensität noch registriert worden? Usw.). Nicht alle Datensysteme sind mit gleich aufwendigen und guten Programmen ausgestattet. Es ist angebracht, sich entsprechend zu informieren und ggf. einen Blick auf die Rohdaten zu werfen.

■ *Aufgaben*

Aufgabe 1:
Das LiAlH$_4$-Reduktionsprodukt eines Ketons (MG 386) wurde massenspektrometrisch untersucht. Der Peak höchster Masse (abgesehen von Isotopenpeaks) erschien bei *m/z* 370. Was kann man daraus schließen?

Aufgabe 2:
Das rohe Reduktionsprodukt eines Diketons (MG 288) wurde massenspektrometrisch untersucht. Im oberen Massenbereich konnte man (abgesehen von Isotopenpeaks) *m/z* 292 und 290 feststellen. Was folgt daraus?

Aufgabe 3:
Wovon hängt das Auflösungsvermögen ab und wovon die Genauigkeit, mit der eine Ionenmasse bestimmt werden kann?

Aufgabe 4:
Welches Mindestauflösungsvermögen muss ein Massenspektrometer besitzen, um die Signale der in Abschnitt 2.4.2 angegebenen Ionen mit der nominellen Masse 28 getrennt abzubilden?

3
Ionenarten

3.1
Molekülion

Durch Entfernung eines Elektrons aus einem Molekül erhält man das Molekülion M^+. Dieses hat ein ungepaartes Elektron und somit Radikalcharakter, was oft durch die Schreibweise $M^{+\bullet}$ angedeutet wird; dabei steht der Punkt für das ungepaarte Elektron.

Um als solches den Analysator des Massenspektrometers durchqueren und die Registriereinrichtung erreichen zu können, muss das Molekülion bei Magnetfeldgeräten eine Lebensdauer von etwa $\geq 10^{-5}$ s haben. Bei anderen Gerätetypen kann diese sehr viel höher sein (bei Ionenfallen z. B. msec). S. hierzu Abschn. 3.7 und 8.2.

Die Bedeutung des Molekülions ergibt sich aus den folgenden Anwendungsbereichen:

1. Bestimmung der Molmasse einer Verbindung (s. Abschn. 4.1),
2. Bestimmung der Elementarzusammensetzung einer Verbindung (s. Abschn. 4.2),
3. Isotopenanalyse (s. Kap. 5),
4. Gemischanalysen (qualitativ und quantitativ) (s. Kap. 6),
5. Bestimmung des IP (s. Kap. 7).

Ob ein bestimmtes Ion im Massenspektrum ein Molekülion ist, lässt sich nicht immer mit letzter Sicherheit feststellen. Zur Beurteilung dieser Frage hilft es jedoch, wenn man die wichtigsten Eigenschaften eines Molekülions im Auge behält (es wird vorausgesetzt, dass die untersuchten Moleküle vor der Ionisierung nicht thermisch oder katalytisch umgewandelt worden sind, vgl. Abschn. 2.1.4; ist dies der Fall, so erhält man eine neue Verbindung, deren M^+ natürlich nicht mit dem der Ausgangsverbindung übereinstimmen muss). Die folgenden Kriterien sind von praktischer Bedeutung:

Es ist argumentiert worden, dass die Schreibweise $M^{\bullet+}$ besser wäre, da es sich um ein ionisiertes Radikal handelt. Bisher hat sich dieser Vorschlag aber nicht durchgesetzt.

Massenspektrometrie, Fünfte Auflage. H. Budzikiewicz, M. Schäfer
Copyright © 2005 WILEY-VCH Verlag GmbH & Co. KGaA, Weinheim
ISBN: 3-527-30822-9

1. Das Molekülion muss alle Elemente enthalten, die in den Fragmentionen gefunden werden. Dies setzt voraus, dass die Elementarzusammensetzung aller Ionen im Spektrum bestimmt wird. So z. B. hat in einem publizierten Spektrum das höchste erkennbare Ion die Zusammensetzung $C_{16}H_{32}$ (m/z 224), bei m/z 31 findet sich jedoch ein Fragment CH_3O (= $^+CH_2OH$, s. Abschn. 9.2.1); m/z 224 kann somit nicht M^+ sein ($M-H_2O$ aus Hexadecanol).

2. Alle Fragmente müssen durch sinnvolle Massendifferenzen mit dem Molekülion in Beziehung stehen. Nicht sinnvoll für CHNOS-Verbindungen sind Massendifferenzen von M^+-3 (wenn M^+-1 und M^+-2 fehlen) bis M^+-13 (M^+-14 ist äußerst selten; Verlust von CH_2) und M^+-21 bis M^+-25. Treten solche Differenzen ausgehend vom höchsten erkennbaren Ion auf, so handelt es sich entweder um Verunreinigungen (s. Abschn. 2.1.3), oder aber man hat es nicht mit dem Molekülion zu tun.

3. Die Molekülmassen von Derivaten und Ausgangssubstanz müssen konsistent sein. Hier gilt das in Abschn. 2.1.4 im Zusammenhang mit Umwandlungen vor der Ionisation Gesagte entsprechend.

Ob es sich bei dem in einem EI-Spektrum (abgesehen von Isotopenpeaks; s. Kap. 5) mit höchster Masse beobachteten Peak tatsächlich um das Molekülion der zu untersuchenden Verbindung handelt, lässt sich meist mit Hilfe anderer Ionisierungsarten (s. Abschn. 2.2) überprüfen. Bei nicht zu schwer flüchtigen polaren Verbindungen empfiehlt sich CI mit Isobutan als Reaktandgas (liefert $[M+H]^+$-Ionen), bei nicht unzersetzt verdampfbaren Verbindungen z. B. eines der Sprayverfahren.

3.2
Fragmentionen

Der Ausdruck „Tochterion" („daughter ion") wird besonders in der amerikanischen Literatur als „sexistisch" vermieden und durch „Produktion" („product ion") ersetzt. Ebenso wird statt „Mutterion („parent ion") zunehmend „Vorläuferion" („precursor ion") verwendet.

Molekülionen, die genügend Energie besitzen, können durch Bindungsspaltungen in Bruchstücke (Fragmente) zerfallen. Der häufigste Fall ist hierbei die Bildung eines positiv geladenen Produktions und eines oder mehrerer neutraler Fragmente. Das Molekülion selbst besitzt ein ungepaartes Elektron, ist also ein Radikalion ($M^{+\bullet}$). Die Fragmentionen können ihrerseits Radikalionen (ungeradelektronische Ionen) sein oder aber eine gerade Anzahl von Elektronen besitzen (geradelektronische Ionen):

$$M^{+\bullet} \rightarrow A^{+\bullet} + B$$
$$M^{+\bullet} \rightarrow C^+ + D^\bullet$$

Auf die Bedeutung des Radikalcharakters bestimmter Ionen wird in Abschn. 8.4. näher eingegangen. Mehratomige Moleküle können durch Spaltung verschiedener Bindungen unterschiedliche Fragmentionen bilden, die bei der Vielzahl zerfallender Molekülionen nebeneinander entstehen; ebenso können Fragmentionen, die noch genügend Energie besitzen, weiter zerfallen (s. Abschn. 3.7). Als Faustregel (von der es Ausnahmen gibt) kann man sich merken, dass ungeradelektronische Fragmentionen ($A^{+\bullet}$) in gleicher Weise wie $M^{+\bullet}$ sowohl zu ungeradelektronischen wie auch zu geradelektronischen Ionen weiter zerfallen können, dass aber geradelektronische Fragmentionen (C^+) so weiter zerfallen, dass wieder geradelektronische Ionen entstehen. Ebenso zerfallen die geradelektronischen Quasi-Molekülionen wie $[M+H]^+$ gewöhnlich zu geradelektronischen Fragmentionen.

3.3
Mehrfach geladene Ionen

Sowohl Molekül- als auch Fragmentionen können mehrfach positiv geladen sein. Nach Gl. (13) (Abschn. 2.3) werden doppelt geladene Ionen mit ihrer halben, dreifach geladene mit einem Drittel ihrer Masse usw. registriert. Doppelt geladene C-haltige Ionen sind daran zu erkennen, dass sie bei Geräten, welche nicht mit Einheitsauflösung (wie Quadrupolgeräte) registrieren, von einem ^{13}C-Satelliten im Abstand von 1/2 u begleitet sein müssen (s. Abb. 2) (Analoges gilt für höher geladene Ionen). Hoch geladene Quasi-Molekülionen (wie $[M + 100\,H]^{100+}$ beobachtet man bei Spray-Ionisation z. B. von Proteinen im Massenbereich von 500 000 u (s. Abschn. 2.2.4 und 5.2).

3.4
Quasi-Molekülionen

Dies ist ein Sammelbegriff für von einem Molekül abgeleitete Ionen wie $[M+H]^+$, $[M+Na]^+$ usw., die bei CI, Oberflächen- und Spray-Ionisierungsverfahren beobachtet werden. Gelegentlich findet man auch den Ausdruck „Pseudo-Molekülion".

3.5
Metastabile Ionen [38]

In Abschn. 3.1 sind Ionen besprochen worden, die stabil genug sind, um, ohne zu zerfallen, den Kollektor zu erreichen, in Abschn. 3.2 solche, die so instabil sind, dass sie bereits in der Ionenquelle zerfallen. Beide Arten werden mit den ihnen zugehörigen Massen registriert. Daneben gibt es sog. *metastabile Ionen*, die auf dem Wege zwischen Ionenquelle und Kollektor zerfallen, wobei der Zerfall während der Beschleunigung (A), zwischen der Beschleunigungsregion und dem Analysator (B) oder im Analysator (C) erfolgen kann. Zerfälle im Bereich A und C tragen nur zum allgemeinen Untergrundrauschen bei. Zerfällt in einem einfach fokussierenden Magnetfeldgerät ein Ion m_0^+ im „feldfreien Bereich" B oder in einem doppelt fokussierenden Sektorfeldgerät im *„zweiten feldfreien Bereich"* zwischen den Analysatoren in ein Produktion m_1^+ und ein oder mehrere Neutralteilchen

$$m_0^+ \rightarrow m_1^+ + (m_0 - m_1)$$

so wird die kinetische Energie von m_0^+ entsprechend den Massen der Fragmente aufgeteilt. Das Ion m_1^+ besitzt daher nicht die volle kinetische Energie, die es beim Zerfall in der Ionenquelle erhalten hätte, sondern nur den Bruchteil m_1/m_0. Es wird daher nicht mit seiner eigenen Masse, sondern mit der Masse

$$\frac{m_1^2}{m_0} = m^* \tag{17}$$

registriert.

Beispiel: Wenn das Ion $[CH_3COCH_3]^{+\bullet}$ (m/z 58) im feldfreien Bereich in CH_3CO^+ (m/z 43) und $CH_3^\bullet$ zerfällt, so beobachtet man ein Signal bei $m^* = 43^2 : 58 = 31,9$.

Die Signale, die bei m^* beobachtet werden, sind zum Unterschied von denen der Molekül- und echten Fragmentionen breit (sie können sich über mehrere Masseneinheiten erstrecken). Da Gl. (17) meist keine ganzzahligen Werte ergibt, liegen die Maxima der Signale gewöhnlich zwischen ganzen Massenzahlen. In Analogspektren (Lichtschreiber) sind die Signale metastabiler Ionen gut zu erkennen, bei Aufnahme mit Hilfe von Datensystemen, die einen Peakerkennungsalgorithmus für scharfe Signale haben, werden sie nicht registriert. Für ihre Darstellung bedarf es besonderer Erkennungsprogramme.

Zerfälle von Ionen nach Verlassen der Quelle können von einfachen Quadrupolgeräten (s. aber Abschn. 3.6.2) und von Ionenfallen nicht registriert werden. Bei Flugzeitgeräten ist dies nur bei solchen mit Ionenspiegel (Reflectron) möglich (s. Abschn. 2.3.2).

Die Bedeutung der Signale metastabiler Ionen (auch als „metastabile Peaks" bezeichnet) für die Interpretation von Massenspektren liegt darin, dass nach Gl. (17) ein Zusammenhang zwischen der Masse des zerfallenden und des gebildeten Ions gegeben ist, d. h., dass bei Anwesenheit eines solchen Signals festgestellt werden kann, ob ein bestimmtes Fragmention aus einem bestimmten Vorläufer (M^+ oder einem anderen Fragmention) gebildet worden ist.

Beispiel: Im Spektrum von Acetophenon (Abb. 67, Abschn. 9.8) wird ein Metastabilensignal bei m/z 56,4 beobachtet, das der Zerfallsreaktion m/z 105 $\rightarrow$ m/z 77 entspricht (77^2 : 105) und zeigt, dass $[M-CH_3]^+$ durch Abspaltung von 28 u (CO) weiter zerfällt. In Zerfallsschemata wird ein beobachteter metastabiler Zerfall durch $\xrightarrow{*}$ angedeutet (z. B. $C_6H_5CO^+ \xrightarrow{*} C_6H_5^+ + CO$).

❗ Achtung   *1. Fehlen von Metastabilen-Signalen bedeutet nicht, dass ein bestimmter Zerfallsprozess nicht stattfindet.*
2. Es lässt sich keine Aussage darüber machen, ob bei der Bildung von m_1^+ aus m_0^+ ein oder mehrere Neutralteilchen abgespalten worden sind (was besonders in der älteren Literatur oft übersehen wurde; man hat dann versucht, Strukturen zu konstruieren, bei denen die Neutralteilchen zusammenhingen).
3. Bei wenig angeregten langlebigen Ionen muss man in Betracht ziehen, dass sie eventuell vor dem Zerfall sich umlagern (isomerisieren) (s. Abschn. 8.2).

Aus der Breite der Metastabilen-Signale kann man schließen, ob beim Zerfall eines Ions Energie frei wird. Wird diese Energie nämlich nicht in Schwingungs- sondern in Translationsenergie umgewandelt, so wird (je nach Richtung des Vektors) das Produktion abgebremst oder beschleunigt. Dies führt zu einer Verbreiterung des Metastabilen-Signals (unterschiedlich starke Ablenkung bei unterschiedlicher Geschwindigkeit!), woraus sich der Betrag an frei gewordener Energie (*T*-Wert) berechnen lässt.

Heute sind Massenspektrometer kaum mehr mit Analogregistriereinrichtungen (z. B. Lichtschreibern) ausgestattet und mit den gängigen Datenerfassungssystemen werden, wie erwähnt, Signale metastabiler Ionen nicht erfasst. Die Zerfallsprozesse ausgewählter Ionen werden heute in der Regel in Tandemmassenspektrometern (s. Abschn. 2.3.2 und 3.6) untersucht.

Abb. 24 zeigt den Zusammenhang zwischen Energieinhalt und Lebensdauer von Ionen am Beispiel von EI in einem Sektorfeldgerät. Im oberen Diagramm ist die Energieverteilung der Ionen bei ihrer

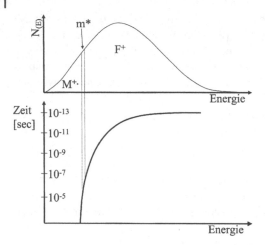

Entstehung wiedergegeben. Nur energiearme Ionen leben länger als
ca. 10^{-5} s und werden als $M^{+\bullet}$ registriert. Metastabile Ionen (m^*) werden in einem engen Energie- und Zeitfenster beobachtet. Einfache
Bindungsspaltungen (*schnell*) brauchen in der Regel mehr Energie
als Umlagerungsreaktionen (*langsam*, s. u. Abschn. 3.7).

3.6
Tandem-Massenspektrometrie [40]

3.6.1
Grundlagen

Tandem-Massenspektrometrie ist eine Weiterentwicklung der in
Abschn. 3.5 beschriebenen Technik, mit Hilfe von metastabilen Ionen den Zerfall von in der Ionenquelle gebildeten Ionen zu untersuchen. Sie ist möglich mit Geräten, die wenigstens zwei Analysatoren besitzen (s. Abschn. 2.3.2). Der erste Analysator wird so eingestellt, dass nur Ionen mit einem bestimmten m/z Wert passieren können (*Achtung*: isobare Ionen werden nur bei entsprechend
hoher Auflösung, isomere Ionen werden nicht getrennt). Die
m/z-Werte der im zweiten feldfreien Raum bei Sektorfeld- bzw.
im *rf-only*-Quadrupol bei Triplequad-Geräten durch Zerfall gebildeten Produktionen werden dann im zweiten Analysator bestimmt
(MS/MS- oder MS^2-Experimente; mit Hilfe eines dritten Analysators kann man dann einen weiteren Zerfallsschritt untersuchen:
MS^3). MS^n-Experimente können auch mit Ionenfallen und ICR-
Geräten durchgeführt werden (s. Abschn. 2.3.2).

! **Achtung** *Bei mindestens Einheitsauflösung ist das den ersten Analysator passierende Ion nur aus jeweils einem Isotop aller beteiligten Elemente (in der Regel bei organischen Molekülen ^{12}C, ^{1}H usw.) aufgebaut. Daher wird man auch bei den Fragmentionen kein Isotopenmuster (s. Abschn. 5.1) beobachten.*

Metastabile Ionen können aufgrund ihrer geringen Überschussenergie – eventuell nach Umlagerung (s. o.) – zerfallen (monomolekulare Zerfälle). Es ist aber auch möglich, die Ionen mit einem Inertgas (meist einem Edelgas) kollidieren zu lassen. Dabei wird ein Teil ihrer kinetischen Energie in Schwingungsenergie umgewandelt. Man spricht dann von stoßaktivierten oder -induzierten Zerfällen (englisch *collision activation*, CA; *collision activated decomposition*, CAD; *collision induced dissociation*, CID) [41]. In der Regel erfolgt der Zerfall dann schneller als eine mögliche Umlagerung, man kann daher Informationen über die Ausgangsstruktur erhalten (s. auch Abschn. 3.7 und Abb. 28). Für CID-Untersuchungen eignen sich Ionen bis zu einer Masse von etwa 2000 u. Mit zunehmender Größe eines Ions verteilt sich die Anregungsenergie auf eine immer größere Zahl von Schwingungsfreiheitsgraden, sodass die Wahrscheinlichkeit, dass sich in einer Bindung ausreichend Energie für einen Zerfall akkumuliert, entsprechend geringer wird. Mehrfach geladene Ionen liefern nach CA meist mehr Fragmentionen als ihre einfach geladenen Analogen, da die *coulomb*sche Abstoßung die Bruchstückbildung begünstigt.

Unterschieden wird zwischen Hochenergie- und Niederenergie-Stoßaktivierung. Die Hochenergie-Variante ist typisch für Sektorfeld- sowie TOF-TOF-Tandemgeräte, bei denen auf Grund der Beschleunigungsspannung von mehreren kV die Ionen eine entsprechend hohe Kollisionsenergie mitbringen. Es werden 5–10 eV an Energie übertragen. Typisch für Hochenergie-CID ist ein eigentümliches Fragmentierungsverhalten, das von den gängigen Mustern abweicht, die *„charge-remote fragmentation"* [42]: Ist in einem Ion die Ladung streng lokalisiert (z. B. in einer Carboxylatgruppe, -COO$^-$ oder bei FAB in -COOLi$_2^+$), so erfolgt der Zerfall einer Alkylkette nach dem folgenden Schema (es werden auch andere Mechanismen diskutiert, welche z. B. durch H-Wanderungen oder -Abspaltungen eingeleitet werden):

$$R{-}CH \overset{H}{\underset{CH_2}{\diagup}} \quad \overset{H}{\underset{CH_2}{\diagdown}} CH{-}(CH_2)_n{-}COO^- \quad \rightarrow$$

$$R{-}CH{=}CH_2 + H_2 + CH_2{=}CH{-}(CH_2)_n{-}COO^-$$

Man erhält damit eine Serie von homologen Ionen, die unterbrochen ist, wenn z. B. Doppelbindungen oder Methylverzweigungen vorliegen, was deren Lokalisierung möglich macht (vgl. Abb. 25).

Niederenergie-CID ist charakteristisch für Quadrupol- und Ionenfallenexperimente. In Quadrupolen kann es zu Mehrfachstößen kommen, so dass beim ersten Stoß gebildete Fragmentionen zu weiterem Zerfall angeregt werden können. In Ionenfallen werden Ionen mit einem ausgewählten m/z-Wert zum Zerfall angeregt; alle Produktionen entstammen dem direkten Zerfall dieser Ionen. Gewünschte Produktionen können erneut ausgewählt und in einem MS^3-Experiment zum Zerfall angeregt werden.

Niederenergie-CID wird insbesondere für die Charakterisierung einzelner Komponenten bei der Analyse von nicht vorgetrennten Gemischen genutzt (s. z. B. Abb. 26), wobei verschiedene Scan-Verfahren (s. u.) angewendet werden. Konstitutionsisomere Verbin-

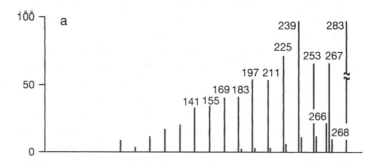

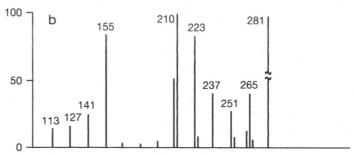

Abb. 25 „Charge remote controlled fragmentation"-Spektren von (a) CH$_3$(CH$_2$)$_{16}$COO$^-$; die Reihe der Ionen CH$_2$=CH-(CH$_2$)$_n$-COO$^-$ ist ohne Unterbrechung zu erkennen, (b) CH$_3$(CH$_2$)$_5$-CH=CH-(CH$_2$)$_9$-COO$^-$; die Reihe bricht bei CH$_2$=CH-(CH$_2$)$_6$-COO$^-$ (m/z 155) ab und läuft dann jenseits der Doppelbindung mit CH$_2$=CH-CH=CH(CH$_2$)$_8$-COO$^-$ (m/z 209) weiter (nach M. Bambagiotti *et al.*, *Org. Mass Spectrom.* **21**, 485 (1986) mit freundlicher Erlaubnis von Wiley, London, © 1986).

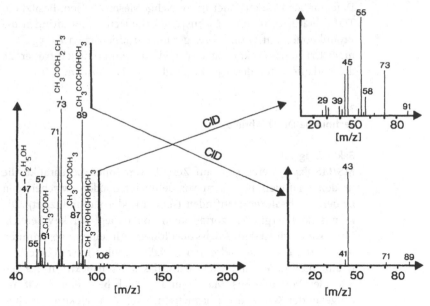

Abb. 26 CI(CH₄)-Spektrum einer Fermentationsbrühe. Es werden im Wesentlichen nur [M + H]⁺-Ionen gebildet (linkes Spektrum), die zur weiteren Charakterisierung durch CID zum Zerfall gebracht werden (Beispiele m/z 89 und 91, rechte Spektren) (Nach M. E. Bier und R. G. Cooks, Anal. Chem. **59**, 597 (1987) mit freundlicher Erlaubnis der American Chemical Society, © 1987).

dungen können auf diese Weise nur nebeneinander nachgewiesen werden, wenn sie deutlich unterschiedliche Fragmentionen liefern. Auch muss man mit Umlagerungsreaktionen rechnen (die durch Ionisation mit CH_5^+ erhaltenen [M+ H]⁺-Ionen der isomeren Monoterpen-Kohlenwasserstoffe geben z. B. identische CA-Spektren).

Die Metastabilen-Spektren können auch zur Unterscheidung von Ionen gleicher Masse herangezogen werden, die von verschiedenen Vorläufern stammen ($C_2H_5O^+$ aus C_2H_5OH, CH_3OCH_3 usw.). Aus der Identität bzw. Nicht-Identität ihrer Metastabilen-Spektren kann man auf identische bzw. nichtidentische Strukturen schließen.

Eine Variante der Analyse von Zerfällen metastabiler Ionen ist der „post source decay", der bei TOF-Geräten genutzt wird [39]. Durch geeignete Wahl von Ablenkspannungen kann man Ionen bestimmter Masse auswählen. Zerfällt ein Teil davon nach Verlassen der Ionenquelle, fliegen die so entstandenen Produktionen mit der gleichen Geschwindigkeit wie die Vorläuferionen weiter und erreichen daher in einem linearen TOF-Analysator gleichzeitig mit diesen den

Detektor. Sie können daher nicht nachgewiesen werden. Besitzt ein TOF-Gerät jedoch einen Ionenspiegel (Reflectron), so dringen die Produktionen auf Grund ihrer geringeren kinetischen Energie weniger tief in das elektrostatische Feld ein und erreichen früher als die Vorläuferionen den Detektor (vgl. Abb. 17, Abschn. 2.3).

3.6.2
Technische Durchführung

Sektorfeldgeräte

MS/MS-Experimente sind auf Zerfälle von Ionen beschränkt, die in den feldfreien Bereichen vor dem ersten oder zwischen den beiden Analysatoren stattfinden (spontan oder stoßinduziert). Die kinetische Energie der zerfallenden Ionen liegt im keV-Bereich. Man kann im ersten Analysator Ionen mit einem bestimmten m/z-Wert auswählen und deren Zerfallsprodukte im zweiten Analysator bestimmen und erhält dann das Massenspektrum des zerfallenden Vorläuferions. Man kann aber auch bei einem Gerät mit umgekehrter Geometrie (magnetischer vor dem elektrostatischen Analysator, s. Abschn. 2.3.2) die Feldstärke des magnetischen Analysators so einstellen, dass ein Ion der Masse m_0 diesen durchfliegen kann. Zerfällt dieses Ion im feldfreien Bereich zwischen den Analysatoren, so behält ein Produktion m_1^+ von der kinetischen Energie E_0 des Vorläuferions m_0^+ den Bruchteil $E_0 \cdot m_1/m_0$. Da der elektrostatische Analysator Ionen nach ihrer kinetischen Energie dispergiert, muss dessen Ablenkspannung V_0 auf $V_0 \cdot m_1/m_0$ reduziert werden, damit m_1^+ ihn passieren kann. Reduziert man die Ablenkspannung ausgehend von V_0 kontinuierlich, so registriert man nacheinander sämtliche Produktionen von m_0^+, deren Massen sich aus der Beziehung

$$V_1/V_0 = m_1/m_0 \qquad (18)$$

berechnen lassen. Die Methode wird als DADI-Verfahren (*„direct analysis of daughter ions"* oder auch als MIKE(S), d.h. *„mass analyzed ion kinetic energy (spectrum)"* bezeichnet) [43].

Daneben besteht aber auch die Möglichkeit, bei Zerfällen im ersten feldfreien Raum die Ablenkungsfelder der beiden Analysatoren in bestimmter gekoppelter Weise kontinuierlich zu verändern (*„linked scan"*-Verfahren). Hierbei spielt die Anordnung von magnetischem und elektrostatischem Analysator keine Rolle. Es sind drei Varianten in Gebrauch, und zwar

– Produktionen oder linearer *linked scan*: Das magnetische Feld B und die Ablenkspannung des elektrostatischen Analysators werden gleichzeitig kontinuierlich so verändert, dass

$$B/V = \text{const.} \tag{19}$$

ist. Man erhält dann nacheinander wie bei DADI alle Produktionen eines ausgewählten Vorläuferions (z. B. CH_3^+ und CH_3CO^+ aus $CH_3COCH_3^{+\bullet}$).

– Vorläuferionen oder quadratischer *linked scan:* Hierbei erfolgt die Veränderung der Felder so, dass

$$B^2/V = \text{const.} \tag{20}$$

ist. In diesem Fall registriert man alle Vorläuferionen eines bestimmten Fragmentions (z. B. CH_3^+ aus CH_3CO^+ und aus $CH_3COCH_3^{+\bullet}$)

– *constant neutral loss scan:* Werden B und V entsprechend

$$B^2 \cdot (1 - V)V^2 = \text{const.} \tag{21}$$

kontinuierlich verändert, so erhält man alle Ionen, die ein bestimmtes Neutralteilchen (z. B. H_2O) abspalten.

Triplequad-Geräte (s. Abb. 16, Abschn. 2.3)

Auch bei Triplequad-Geräten sind die drei MS/MS-*scan*-Funktionen möglich. Beim Produktionen-*scan* wird der erste Quadrupol so eingestellt, dass nur das zu untersuchende Ion passieren kann; im dritten Quadrupol werden dann seine Fragmentionen bestimmt. Beim Vorläuferionen-*scan* wird der dritte Quadrupol auf die Masse eines bestimmten Produktions eingestellt. Beim Massendurchlauf im ersten Quadrupol werden dann alle Vorläufer bestimmt, die das gesuchte Produktion liefern. Beim *neutral loss scan* werden der erste und dritte Quadrupol mit versetzten *scan*-Funktionen betrieben. Es können nur Vorläuferionen den dritten Quadrupol passieren, die im *rf-only*-Quadrupol die entsprechende Masse des Neutralteilchens verloren haben. Alle drei Verfahren können mit und ohne CID im *rf-only*-Quadrupol betrieben werden.

In-source oder Skimmer-CID bei Electrospray

Die durch Electrospray gebildeten Quasi-Molekülionen werden in der Übergangsregion mittleren Drucks vor Eintritt in das Hochvakuum des Analysatorsystems durch Stöße mit Restgas (Luft, N_2) angeregt und ggf. zum Zerfall gebracht. Sowohl die nicht zerfallenen Vorläuferionen als auch die Fragmentionen werden entsprechend ihrer m/z-Werte registriert. Werden unterschiedliche Quasi-Molekülionen gebildet, so überlagern sich deren Fragmentierungsmuster. Deshalb eignet sich diese Methode nur für Reinsubstanzen.

3.7
Fragmentierungsmuster

Die Gesamtheit der unter (Quasi-)Molekül-, Fragment- und metastabilen Ionen ergibt das Massenspektrum einer Verbindung, die Fragment- und metastabilen Ionen das Fragmentierungsmuster. Dessen Aussehen, d. h. in welchem Ausmaß welche Ionen gebildet werden, hängt

1. von Faktoren ab, die den einzelnen Molekülen inhärent, aber
2. auch von solchen, die durch Konstruktions- und Operationsparameter des verwendeten Massenspektrometers bedingt sind.

Zu 1: Molekülionen, die Überschussenergie besitzen, sind zu Reaktionen befähigt, wobei es sich bei niedrigem Druck im Wesentlichen um monomolekulare Prozesse (Zerfälle und Umlagerungen), bei höherem Druck (CI, CID) auch um Ionen-Molekül-Reaktionen handelt. Eine Möglichkeit ist die Umwandlung zu einer neuen Struktur, eine sog. Umlagerung. Es gibt gute Hinweise dafür, dass z. B. ionisierter Diphenylether sich in 2-Phenylcyclohexadienon umlagern kann.

Zum andern können Molekülionen, wie bereits in Abschn. 3.2 erwähnt, durch Bindungsspaltung zerfallen. Vielatomigen Verbindungen steht hierzu eine Vielzahl von Möglichkeiten offen. Wenn auch ein spezifisches Molekülion nur in einer Weise zerfallen kann, so kommt es bei der großen Zahl der in der Ionenquelle vorhandenen Molekülionen, die unterschiedlich große Beträge an Überschussenergie besitzen können, zu einer ganzen Reihe von konkurrierenden Zerfallsprozessen, deren relative Häufigkeit u. a. abhängt von der Bindungsenergie der einzelnen Bindungen, der Stabilität der entstandenen Bruchstücke (der Fragmentionen und der neutralen Teilchen), der Geschwindigkeitskonstanten der einzelnen Zerfallsreaktionen und z. T. der Lage der einzelnen Atome im Molekül zueinander (wie bei der Abspaltung von H_2O aus ionisierten Alkoholmolekülen, wobei OH und H einander für eine Bindungsbildung ausreichend nahe kommen müssen). In analoger Weise können umgelagerte Molekülionen zerfallen, und auch Fragmentionen – sofern sie noch genügend Überschussenergie besitzen – können sich umlagern und/oder weiter zerfallen.

Zu 2: Der wichtigste instrumentelle Parameter ist die den Molekülen zur Verfügung gestellte Energiemenge. Diese stammt bei Elektronenstoßionisation zu einem bedeutenden Teil vom ionisierenden Elektronenstrahl, wobei zu beachten ist, dass ein Molekül nicht die gesamte angebotene Elektronenenergie von 70 eV, sondern nur einen Bruchteil davon – einige eV – aufnimmt. Aus Abb. 27 ist ersichtlich, dass relative Intensität von Molekül- und Fragmentionen eine Funktion der aufgenommenen Energie ist. Bzgl. anderer Ionisierungsverfahren s. Abschn. 2.2.2–2.2.4. Zusätzlich bringt das Molekül noch Schwingungsenergie mit, deren Betrag davon abhängt, wie „heiß" die Moleküle sind, d.h., ob als Einlass die geheizte Säule eines Gaschromatographen verwendet worden ist oder ob schonender „direkt" verdampft wird. Besonders wenn die zur Bindungsspaltung benötigte Energie gering ist, werden derartige thermische Effekte die Menge der gebildeten Fragmente stark beeinflussen. Ein extremes Beispiel ist in Abb. 27 wiedergegeben, die das Massenspektrum derselben Verbindung einmal unter Direkteinführung und zum anderen durch GC/MS-Kopplung aufgenommen zeigt. Die geringe Zahl der „überlebenden" Molekülionen und die vielen Fragmente im unteren Massenbereich im zweiten Fall sprechen für sich.

Ein anderer wichtiger instrumenteller Parameter ist die Verweilzeit der Ionen in der Quelle (abgesehen von metastabilen Zerfällen werden nur Fragmente, die dort gebildet werden, als solche registriert). Damit können sich die Massenspektren einer Verbindung aufgenommen mit einem Magnetfeldgerät (Verweildauer μsec) und bei Ionisierung in einer Ionenfalle (Verweildauer ms) deutlich voneinander unterscheiden, da im zweiten Fall auch langsame Reaktionen beobachtet werden.

Das Zusammenspiel von Überschussenergie und zur Verfügung stehender Zeit ist anhand von Abb. 28 kurz erläutert (vgl. auch Abschn. 3.5 und 8.2). Die Geschwindigkeitskonstanten für einfache Bindungsbrüche (k_1, k_2) sind sehr viel größer (nur die entsprechende Bindung muss ausreichend gestreckt werden, sog. *loose transition state*) als die für Umlagerungsreaktionen (k_3), da letztere bestimmte Konformationen des Moleküls voraussetzen (sog. *tight transition state*, Abb. 29). Steht ausreichend Energie zur Verfügung (CI, CID), wird das Ion ABC^+ überwiegend durch einfachen Bindungsbruch zerfallen und kaum umlagern. Ist für den direkten Zerfall nicht ausreichend Energie vorhanden, die Energiebarrieren für eine Umlagerung und für den Zerfall des Umla-

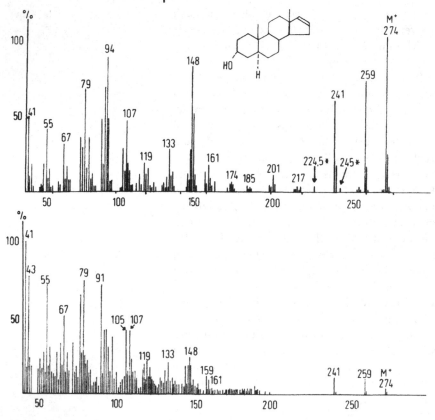

Abb. 27 Massenspektrum von 3-Hydroxy-5α-androst-16-en (oben Direkteinlass, unten GC/MS-Kopplung).

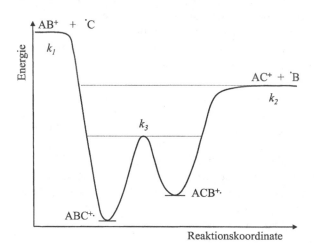

Abb. 28 Energie-Zerfalls-Schema (s. Text).

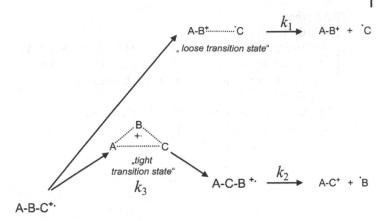

Abb. 29 Übergangszustände bei einfachem Bindungsbruch und bei Umlagerung.

gerungsproduktes aber niedriger und gibt es ausreichend Zeit für die langsame Umlagerung (metastabile Ionen) oder wird erst nach entsprechender Verzögerung Energie durch CID zugeführt, beobachtet man die Zerfallsprodukte des umgelagerten Ions.

Die wichtigste Schlussfolgerung dieses Abschnitts ist, dass das Aussehen eines Massenspektrums einer Verbindung sehr stark von den Aufnahmebedingungen bestimmt wird. Will man identische Spektren erhalten, muss man diese (Ionisierungsart, Gerätetyp, Probeneinführung, instrumentelle Parameter) streng konstant halten. Dies ist für den Spektrenvergleich zur Identifizierung einer Substanz besonders zu beachten; für die strukturellen Informationen, die man aus den Framgentierungsmustern ableiten kann, ist dies meist nicht so wichtig, da auch bei unterschiedlicher Aufnahmetechnik (*nicht bei unterschiedlichen Ionisierungsverfahren!*) die Art der gebildeten Ionen gleich bleibt, d.h., die Spektren qualitativ vergleichbar sind, auch wenn die relativen Intensitäten einzelner Ionen stark variieren. Dies sollte man im Auge behalten, wenn man ein selbst aufgenommenes Spektrum mit einem in der Literatur beschriebenen vergleicht. Besondere Vorsicht ist bei CI sowie den Oberflächenverfahren (FD, FAB) (Abschn. 2.2.2 und 2.2.3) angebracht, da hier noch oberflächenkatalysierte Nebenreaktionen des Reaktandgases (CI) [12b] bzw. Matrixreaktionen (FD, FAB, s. Abb. 9) [14a] hinzukommen können.

■ *Aufgaben*

Aufgabe 5:

Im Massenspektrum eines Amins (s. Abb. 61, Abschn. 9.5) könnte m/z 58 aus m/z 100 oder aus m/z 115 (M^+) entstanden sein. Es wird ein m^* bei m/z 33,8 beobachtet.

Aufgabe 6:

Das Massenspektrum von $C_6H_5COCOC_6H_5$ zeigt Ionen bei m/z 105 (100%) und 106 (7%). Handelt es sich bei m/z 105 um M^{2+} oder um $C_6H_5CO^+$?

II
Auswertung von Massenspektren

4
Bestimmung von Molekülmasse und Elementarzusammensetzung

4.1
Molekülmasse

Molekülionen, die eine genügend große Lebensdauer ($>10^{-5}$ s bei Magnetfeldgeräten, bei z. B. Ionenfallen entsprechend länger) haben, erreichen den Kollektor und werden mit ihrer Masse registriert, aus der sich die relative Molekülmasse (das „Molekulargewicht") der untersuchten Verbindung ergibt (bei Quasi-Molekülionen muss man zusätzlich wissen, wie diese gebildet worden sind (z. B. $[M + H]^{+\cdot}$, $[M + Na]^{+}$). Hierbei ist jedoch zu beachten, dass nur wenige Verbindungen eine einzige Sorte von Molekülionen liefern, da die überwiegende Zahl der Elemente aus mehreren Isotopen besteht (s. Kap. 1 und 5). Der Wert, den der Chemiker aus den relativen Atommassen („Atomgewichten") berechnet, wird sich daher praktisch immer von der massenspektrometrisch ermittelten Molekülmasse unterscheiden, die sich aus der Isotopenmasse einer bestimmten Isotopenkombination ergibt. Es sei auch nochmals auf das in Abschn. 3.1 über das Molekülion Gesagte und an die Möglichkeit thermischer Zersetzungen (s. Abschn. 2.1.4) erinnert. Vgl. auch Abschn. 5.2 für extrem hohe Massen.

Die massenspektrometrische Bestimmung der Molekülmasse ist dort, wo sie möglich ist, allen anderen Methoden (Kryoskopie usw.) überlegen (das geeignete Ionisierungsverfahren auszuwählen bedarf allerdings einiger Erfahrung). Abgesehen von der zu erreichenden Genauigkeit ist noch der geringe Substanzbedarf ein beachtlicher Vorteil, auch stören Verunreinigungen in weiten Grenzen (solange das Molekülion eindeutig zu bestimmen ist) nicht. Dies sollte allerdings nicht dazu verleiten, unsaubere Präparate für die MS-Messung zu verwenden (s. Abschn. 2.1.3).

Massenspektrometrie, Fünfte Auflage. H. Budzikiewicz, M. Schäfer
Copyright © 2005 WILEY-VCH Verlag GmbH & Co. KGaA, Weinheim
ISBN: 3-527-30822-9

4.2
Elementarzusammensetzung einer Verbindung

Wie in Abschnitt 2.4.2 erläutert, weichen infolge der Massendefekte die Isotopenmassen von dem Vielfachen von 1 u etwas ab. Innerhalb der unten aufgezeigten Grenzen lässt sich daher aus dem exakt gemessenen Massenwert eines Ions auf dessen Elementarzusammensetzung schließen. Hierzu muss man verschiedene Elementkombinationen so lange durchprobieren, bis man einen dem Messergebnis entsprechenden Wert erhält. Entsprechende Rechnerprogramme gehören heute zur Standardausrüstung jedes Massenspektrometers, das die Bestimmung exakter Ionenmassen ermöglicht.

Die massenspektrometrische Bestimmung von Elementarzusammensetzungen hat große Vorteile gegenüber der Verbrennungsanalyse, aber auch ihre Grenzen. Dies sei an einem Beispiel erläutert:

Für das Alkaloid Vobtusin waren in der Literatur, basierend auf Verbrennungsanalysen, die Bruttoformeln

$$C_{45}H_{54}N_4O_8 \text{ (MG 778)}$$
$$C_{42}H_{48}N_4O_6 \text{ (MG 704)}$$
$$C_{42}H_{50}N_4O_7 \text{ (MG 722)}$$

zu finden. Schon die nominelle Masse von M^+ (*m/z* 718) zeigte, dass alle diese Summenformeln falsch sein mussten. Exakte Massenbestimmung lieferte einen Wert von 718,3743 u, woraus sich unter Berücksichtigung der Elementaranalysenwerte die Summenformel

$$C_{43}H_{50}N_4O_6$$

ergab.

Die Vorteile der massenspektrometrischen Bestimmung liegen auf der Hand. Wenn die exakte Molekülmasse bekannt ist, werden Abweichungen von ±2 H oder ±CH_2, die die Elementaranalyse nicht erfasst, ausgeschaltet. Auch verfälschen Verunreinigungen durch Lösungsmittelreste, Kristallwasser usw. das Ergebnis nicht, und der geringe Substanzverbrauch erlaubt mehrere Parallelbestimmungen.

Die Nachteile liegen in der Messgenauigkeit, die je nach Gerät und Messverfahren mit 0,5–5 ppm oder 1–3 Millimassen angegeben wird, je nach Zustand des Gerätes aber auch schlechter sein kann. Zu beachten ist auch, dass es sich bei diesen Werten meist um Standardabweichungen handelt, Einzelmessungen also auch außerhalb der angegebenen Grenzen liegen können. Innerhalb der Fehlergrenzen liegt gewöhnlich eine Reihe von möglichen Elementarkombinationen, deren Zahl mit zunehmender Masse immer größer wird [44]. Im obigen Falle (wobei schon die Elementauswahl auf CHNO und die maximale Anzahl von H (n_H) auf $2n_{C+2}$ begrenzt worden ist) ist es

$C_{52}H_{48}NO_2$ (718,3685) * $C_{43}H_{50}N_4O_6$ (718,3730)
$C_{51}H_{48}N_3O$ (718,3797) * $C_{42}H_{54}O_{10}$ (718,3717)
$C_{49}H_{46}N_6$ (718,3784) $C_{40}H_{52}N_3O_9$ (718,3702) *
$C_{48}H_{50}N_2O_4$ (718,3770) $C_{38}H_{50}N_6O_8$ (718,3689)
$C_{46}H_{48}N_5O_3$ (718,3757) * $C_{36}H_{54}N_4O_{11}$ (718,3788)
$C_{45}H_{52}NO_7$ (718,3744) *

Unter ihnen befindet sich auch die richtige. Es wird daher bei größeren Molekülen notwendig sein, anderweitige Informationen hinzuzuziehen (z. B. Nachweis von Carbonylgruppen durch IR), um so das richtige Ergebnis auszusortieren. Es hilft auch die Analyse der Isotopenmuster (s. Abschn. 5.1) sowie die Überlegung, dass Verbindungen mit ungerader Zahl von N-Atomen keine geradzahlige Molekülmasse haben können (* in der obigen Liste).

> **! Achtung** *Die sog. N-Regel besagt, dass einfach geladene (ungeradelektronische) Molekülionen ($M^{+\bullet}$) mit einer ungeraden Zahl von N-Atomen basierend auf ^1H, ^{12}C, ^{14}N, ^{16}O, ^{32}S, ^{19}F, ^{35}Cl, ^{79}Br, ^{127}I eine ungerade nominelle (s. Kap. 1) Molmasse haben. Bei einer geraden Zahl von N-Atomen ist auch die Molmasse gerade. Bei den (geradelektronischen) [M + H]$^+$-Ionen (z. B. bei CI) ist es umgekehrt! Die Regel gilt analog für ungerad- und geradelektronische Fragmentionen (Abschn. 3.2). Bei höher geladenen Molekülionen (M^{n+}) rechnet man die gefundene (meist nicht ganzzahlige) Masse durch Multiplikation mit n auf die Masse von $M^{+\bullet}$ um.*
> *[M + nH]$^{n+}$-Ionen sind immer geradelektronisch. Die Umrechnung erfolgt $[(m/z \; [M + nH]^{n+})] \cdot n - n = m/z \; [M]^+$).*

Die wichtigste Voraussetzung für die Durchführbarkeit der massenspektrometrischen Elementaranalyse einer Verbindung ist, dass das Molekülion eindeutig identifiziert wird. Es ist daher das in Abschn. 3.1 und 4.1 Gesagte zu beachten. Bei der Bestimmung der Elementarzusammensetzung von Fragmentionen ist überdies zu berücksichtigen, dass eine nominelle Masse von zwei oder mehreren isobaren Ionen belegt sein kann, sodass ein genügend hohes Auflösungsvermögen gewährleistet sein muss, um solche Multipletts entsprechend getrennt abzubilden (s. Abschn. 2.4.2).

5
Isotopenanalyse

5.1
Berechnung von Isotopenmustern

Für die Berechnung von Isotopenmustern gibt es heute Computer-algorithmen. Es reicht daher aus, hier nur auf die Grundlagen ein-zugehen.

Brom besitzt zwei stabile Isotope, nämlich ^{79}Br (50,7%) und ^{81}Br (49,3%); für die weiteren Überlegungen sollen diese Werte auf $50:50 = 1:1$ gerundet werden. Br^+ erscheint daher im Massen-spektrum mit zwei Signalen, da $^{79}Br^+$ und $^{81}Br^+$ mit gleicher Wahrscheinlichkeit gebildet werden (s. Abb. 30 links).

Br_2^+ kann nun Ionen mit folgenden Isotopenkombinationen bilden:

$^{79}Br_2^+$ (m/z 158)
$^{79}Br^{81}Br^+$ (m/z 160)
$^{81}Br^{79}Br^+$ (m/z 160)
$^{81}Br_2^+$ (m/z 162),

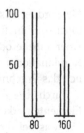

Abb. 30 Isotopenmuster für Br^+ und Br_2^+.

und zwar alle mit gleicher Wahrscheinlichkeit. Da $^{79}Br^{81}Br^+$ und $^{81}Br^{79}Br^+$ dieselbe Masse haben, addieren sich deren Intensitäten, so dass man das in Abb. 30 rechts wiedergegebene Isotopenmus-ter erhält.

Allgemein lässt sich die Intensitätsverteilung für n Atome eines Elements A mit den Isotopen x_A, y_A, ... (x, y...sind die Isotopen-massen, z.B. ^{79}Br) nach Gl. (22) berechnen, wobei den Isotopen-häufigkeiten (s. Tabelle Kap. 15) im Massenspektrum die Peak-intensitäten i_{x_A}, i_{x_B}, ... entsprechen.

$$(i_{x_A} + i_{y_A} + ...)^n \qquad (22)$$

Massenspektrometrie, Fünfte Auflage. H. Budzikiewicz, M. Schäfer
Copyright © 2005 WILEY-VCH Verlag GmbH & Co. KGaA, Weinheim
ISBN: 3-527-30822-9

Tab. 3 Kohlenstoffisotopen-
kombinationen.

Isotopenkombi- nationen	Peakintensitäten	
	berechnet	normiert
$^{12}C_n$	$i^n_{^{12}C} = 1$	$100 (= i_1)$
$^{12}C_{n-1}\,^{13}C$	$n \cdot i^{n-1}_{^{12}C} \cdot i_{^{13}C} = n \cdot 1 \cdot 0,0108$	$1,108n (= i_2)$
$^{12}C_{n-2}\,^{13}C_2$	$\frac{n(n-1)}{2} \cdot i^{n-2}_{^{12}C} \cdot i^2_{^{13}C}$	
	$= \frac{n(n-1)}{2} \cdot 1 \cdot 0,0108^2$	
	$= \frac{n(n-1)}{2} \cdot 1,17 \cdot 10^{-4}$	$1,17 \cdot 10^{-2}\frac{n(n-1)}{2} (= i_3)$

Die Intensitäten i_{x_A}, i_{x_B},... können in beliebiger Weise normiert (z. B. Bruchteile von 1, Prozent usw.) in Gl. (22) eingesetzt werden. Sind in einem Ion zwei oder mehrere mehrisotopige Elemente A, B, C,... enthalten, und zwar n_A von A, n_B von B, n_C von C, die aus den Isotopen x_A, y_A, ..., x_B, y_B, ..., x_C, y_C ... bestehen und deren Häufigkeiten die Intensitäten i_{x_A}, i_{y_A},... entsprechen, so wird zu Gl. (23) erweitert:

$$(i_{x_A} + i_{y_A} + ...)^{n_A}(i_{x_B} + i_{y_B} + ...)^{n_B}(i_{x_C} + i_{y_C} + ...)^{n_C} \tag{23}$$

Man ordnet anschließend die so berechneten Intensitäten der Isotopenkombinationen den zugehörigen Massenkombinationen in einer Tabelle oder einem Strichspektrum zu. Die Intensitäten von Kombinationen gleicher Masse werden addiert. Man kann schließlich das Ergebnis noch in beliebiger Weise normieren.

Durch ihre typischen Isotopenmuster lässt sich eine Reihe von Elementen erkennen (z. B. Si, S, Cl, Br sowie viele Metalle, s. Kap. 15), was bei der Bestimmung der Elementarzusammensetzungen (Abschn. 4.2) oft von großer Hilfe ist.

Von den in der organischen Chemie hauptsächlich vorkommenden Elementen kann man, sofern man nicht für quantitative Messungen exakte Intensitäten benötigt, die Isotopenpeaks von H, N und O in einem Massenbereich unter ~ 1500 in erster Näherung vernachlässigen, nicht jedoch den ^{13}C-Anteil bei C, da C zu 98,93% aus ^{12}C und zu 1,07% aus ^{13}C besteht. Die vollständige Auswertung von Gl. (22) für eine Verbindung mit etwas höherer C-Zahl wäre ziemlich langwierig, doch werden die Werte nach dem dritten Glied bereits so klein, dass man sie vernachlässigen kann. Außerdem ist eine rechnerische Vereinfachung möglich: normiert man $i_{^{12}C} = 1$ und $i_{^{13}C} = 0,0108$, so ergibt sich nach Gl. (22):

Für $C_{20}H_{42}$ ergibt sich als Isotopenmuster $i_1 = 100$, $i_2 = 1,08 \cdot 20 = 21,6$ und $i_3 = 1,17 \cdot 10^{-2} \cdot [20 \cdot 19]/2 = 2,2$.

Isotopenmuster lassen sich eindeutig berechnen. Schwieriger ist es, aus dem gefundenen Isotopenmuster einer unbekannten Verbindung auf die anwesenden Elemente zu schließen, wenn mehr als ein polyisotopisches Element zusätzlich zu C anwesend ist. Informationen aus anderer Quelle und der Vergleich mit für vermutete Zusammensetzungen berechneten Mustern können jedoch auch hier zum Ziel führen.

Bei Verbindungen, die außer C, H, N und O keine weiteren polyisotopischen Elemente enthalten, kann man aus der relativen Intensität der ^{13}C-Satelliten von M^+ berechnen, wie viele C-Atome (n) die Verbindung enthält, da (für $i_1 = 100$) $i_2 : 1,1 = n$ ergibt. Bedingt durch die Ungenauigkeiten bei der normalen Registrierung der Spektren ist diese Berechnung nicht allzu genau, für Überschlagswerte jedoch durchaus brauchbar.

! Achtung *Bei allen Isotopenanalysen ist darauf zu achten, dass das Molekülion keine Begleiter hat, seien es $[M + H]^+$-Ionen, seien es durch Abspaltung von 1 oder 2 H entstandene Fragmentionen, da deren Isotopenmuster sich dem von M^+ überlagern. Nötigenfalls muss man auf Derivate oder z. B. auf CI ausweichen. Ebenso wie bei Molekülionen lassen sich bei Fragmentionen Isotopenanalysen durchführen; auch hier ist darauf zu achten, ob benachbarte Massen durch weitere Ionen belegt sind. Unter solchen Umständen können die Isotopenmuster äußerst komplex werden.*

5.2
Hohe und extrem hohe Massenbereiche

Da C zu 98,93% aus ^{12}C und zu 1,07% aus ^{13}C besteht, ist ab C_{91} der erste Isotopenpeak ($^{12}C_{90}{}^{13}C$) intensiver als der von $^{12}C_{91}$, der definitionsgemäß der nominellen Masse entspricht. Auch darf man bei hohen Massen die Beiträge der schweren Isotope von H, N und O nicht vernachlässigen. In Abb. 31 ist die Signalverteilung bis C_{500} wiedergegeben. Man sieht, dass man bei hohen Massen breite Peakgruppen erhält (bei nicht ausreichender Auflösung auch nur deren Umhüllende, die wie in Abb. 12 (Abschn. 2.2) zu einer Linie zusammengepresst sein kann). Man muss daher durch Überschlagsrechnungen ermitteln, welcher Isotopenkombination das Maximum der Peakgruppe entspricht. Komplikationen sind dadurch möglich, dass zwei Ionensorten (z. B. M^+ und $[M + H]^+$) sich überlagern können (Achtung auch auf die bei FAB häufig be-

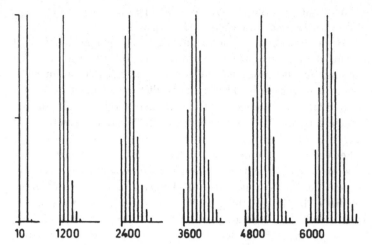

Abb. 31 Isotopenmuster für C_1, C_{100}, C_{200}, C_{300}, C_{400} und C_{500}.

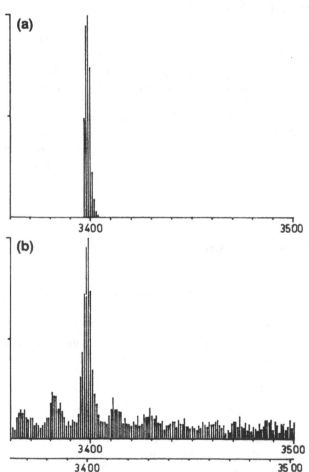

Abb. 32 Molekülionenbereich der B-Kette von Rinderinsulin: (a) berechnetes Isotopenmuster für $[M + H]^+$ ($C_{157}H_{233}N_{40}O_{41}S_2$); nominelle Masse 3397, exakte Masse 3398,6819, intensivster Peak 3400,6853 ($^{12}C_{155}{}^{13}C_2$); (b) FAB-Spektrum (obere Massenskala nominelle, untere exakte Massen).

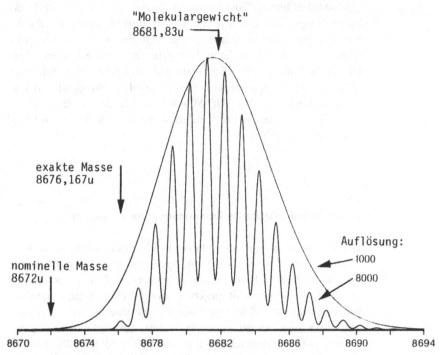

Abb. 33 Molekülionenbereich ($[M + H]^+$) von Rinder-Proinsulin ($C_{381}H_{586}N_{107}O_{114}S_6$). Man sieht, dass die Werte für das intensivste Ion ($^{12}C_{376}{}^{13}C_5$, 8681,18, das Maximum der Umhüllenden, 8681,60 und der aus den „Atomgewichten" berechnete Wert, 8681,83 sehr nahe beisammen liegen. Die innere Kurve zeigt das aufgelöste Peak-Cluster bei einer Auflösung von A=8000, die äußere die Umhüllende bei einer Auflösung von A=1000, wie sie z.B. bei Quadrupolgeräten erreicht wird (mit freundlicher Erlaubnis von Finnigan-MAT, Bremen).

obachteten Hydrierungs- und Dehydrierungsprodukte, ±2 u): Vgl. den Unterschied des berechneten und des beobachteten Quasi-Molekülionen-Clusters in Abb. 32.

Die exakte Masse von ^1H ist 1,007825. Je 128 H-Atome kommt es damit zu einem Unterschied von 1 u zwischen nomineller und exakter Masse (vgl. Abschn. 2.4.2). Die Masseninkremente von N (positiv) und O, S und P (negativ) tragen gleichfalls zu einer (wenn auch geringeren) Verschiebung der exakten gegenüber der nominellen Masse bei. Der Unterschied zwischen nomineller und exakter Massenskala wird in Abb. 32 deutlich. Man muss somit unterscheiden zwischen der massenspektroskopisch ermittelten nominellen Masse (basierend auf $^1H=1$ usw.), der exakten Masse (basierend auf $^1H=1,007825$ u usw.) und der Masse, die sich aus dem intensivsten Ion (bzw. dem Maximum der Umhüllenden) des

Quasi-Molekülionen-Clusters ergibt (letzter stimmt bei CHNOS-Verbindungen sehr gut mit der aus den durchschnittlichen Atommassen, den „Atomgewichten", z. U. von den in der Massenspektrometrie sonst verwendeten Isotopenmassen berechneten überein; dies gilt nicht, wenn Elemente enthalten sind, deren schwerere Isotope einen prozentual höheren Anteil als die oben genannten haben, wie z. B. Br). Für $[M + H]^+$ des Rinder-Insulins (B-Kette) finden sich die entsprechenden Werte in Abb. 32, für Rinder-Proinsulins in Abb. 33.

5.3
Nachweis und quantitative Bestimmung schwerer Isotope

Der Nachweis und die quantitative Bestimmung schwerer Isotope in Molekülionen ist eigentlich ein Spezialfall der in Kap. 6 besprochenen Methoden. Er liegt jedoch insofern einfacher, als unmarkierte Verbindungen mit praktisch der gleichen Wahrscheinlichkeit verdampfen und ionisiert werden wie ihre Derivate, die sich nur durch den Einbau schwerer Isotope unterscheiden. Wichtig ist nur, dass ein ausreichend intensives (Quasi-)Molekülion erhalten wird.

Markierung mit nicht radioaktiven Isotopen (^2H, ^{13}C, ^{15}N, ^{18}O) ist in der Chemie z. B. zur Erforschung von Reaktionsmechanismen, in der Medizin zur Verfolgung des Stoffwechsels bestimmter Verbindungen im Organismus usw. von Bedeutung. Die Bestimmung des Markierungsgrades (Verhältnis von unmarkierter zu markierter Verbindung) ist auf massenspektrometrischem Wege möglich, da sich die verschiedenen Isotope eines Elements in ihrer Masse unterscheiden. Für hohe Messgenauigkeit ist ein Auffänger für jede Ionenart (meist 2, s. Abschn. 2.4.1) erforderlich, in vielen Fällen, für die eine Genauigkeit von 1–2 rel.-% ausreicht, genügen die Messung der Peakhöhen bei normaler Registrierung bzw. die vom Rechner angegebenen Peakintensitäten.

Bei jeder Analyse ist für den Betrag des natürlichen Anteils der schweren Isotope (insbesondere ^{13}C) eine entsprechende Korrektur anzubringen. Die Berechnung führt man am einfachsten so durch, dass man in einer Tabelle vermerkt, welche Isotopenkombinationen jede Massenzahl belegen. Ausgehend von der gemessenen Intensität von z. B. $^{12}C_x{}^1H_y$ (M_o^+) berechnet man die Intensitäten der Isotopensatelliten und zieht diese von den gemessenen Werten für $M_o + 1$ usw. ab (s. Abb. 34). Ist mehr als ein schweres Isotop im Molekül vorhanden, muss man den Korrekturschritt entsprechend wiederholen.

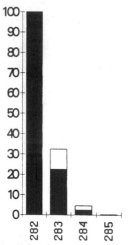

Abb. 34 Isotopenverteilung eines Gemisches von $^{12}C_{20}{}^1H_{42}$ und $^{12}C_{20}{}^1H_{41}{}^2H$ 10:1. Die Beiträge der unmarkierten Verbindung (100 : 22,4 : 2,4) sind schwarz, die der markierten (10:2,2:0.2) weiß ausgeführt.

Wenn bei quantitativen Analysen markierte Verbindungen als innerer Standard verwendet werden sollen (s. Kap. 6), wählt man am besten einen Markierungsgrad, der ausreicht, dass die M^+-Muster von unmarkierter und markierter Verbindung nicht überlappen ($^2H_4$ oder $^{13}C_4$ entsprechend 4 u reicht bei CHNO-Verbindungen unter 1500 u aus, bei z.B. Polyhalogenverbindungen sind größere Massenabstände erforderlich).

Der Isotopengehalt von Fragmentionen lässt sich in gleicher Weise berechnen, man muss jedoch darauf achten, dass keine isobaren Ionen zusammenfallen und dass benachbarte Massen nicht durch andere Fragmentionen belegt sind, da sich ansonsten die Isotopenmuster überlagern. Derartige Untersuchungen haben Bedeutung in der Massenspektrometrie zur Aufklärung von Fragmentierungsmechanismen (Identifizierung von Molekülteilen bzw. der Wanderung von Atomen bei Umlagerungsreaktionen, s. Kap. 8), in der Chemie bei der Untersuchung von Reaktionsmechanismen sowie in der Metabolitenforschung zum Nachweis, in welchem Molekülteil ein markiertes Atom eingebaut worden ist (hierfür muss allerdings das Fragmentierungsverhalten der untersuchten Verbindung genau bekannt sein, insbesondere auftretende H-Wanderungen!).

■ *Aufgaben*

Aufgabe 7:
In Abb. 3 (Kap. 1) ist der Molekülionenbereich von $ZnBr_2$ wiedergegeben. Überprüfen Sie die Berechnung der Intensitäten.

Aufgabe 8:
Um den D-Gehalt von $LiAlD_4$ zu bestimmen, wurde Cholestanon ($C_{27}H_{46}O$, M^+ *m/z* 386) damit zu Cholestanol reduziert (>C=O → >CH(D)OH). Man erhielt *m/z* 388...10%, 389 ...100%, 390...29% und 391...4% rel. Int. Wie groß war der D-Gehalt? Worauf ist bei der Auswahl des Ketons zu achten?

Aufgabe 9:
Das Massenspektrum des Molekülionenbereichs eines Eisencarbonyls der allgemeinen Zusammensetzung $Fe_x(CO)_y$ mit der Molekülmasse (berechnet für ^{56}Fe) 364 zeigt folgende Ionen mit rel. Int. über 1%: *m/z* 362...13%, 363...2%, 364...100%, 365...14%. Welche Zusammensetzung besitzt das Eisencarbonyl?

6
Qualitative [45] und quantitative [46] Analyse von Gemischen

6.1
Vorbemerkungen

Die Massenspektrometrie spielt in der Gemischanalytik eine wichtig Rolle, da sie es häufig erlaubt, kleinste Mengen zu identifizieren und zu quantifizieren. Wo möglich, wird sie in Kombination mit einem Trennverfahren angewendet, denn chromatographische Verfahren sind apparativ einfacher, weniger zeitaufwendig und kostengünstiger als zusätzliche massenspektrometrische Schritte. Generell führt jede zusätzliche Analysenstufe zwar zu Substanzverlust, aber zu höherer Selektivität und zu größerer Empfindlichkeit (niedrigerer Nachweisgrenze), da z. B. das durch Begleitsubstanzen verursachte „chemische Rauschen" verringert wird. Natürlich sind insbesondere in der Spurenanalytik hier Grenzen gesetzt. In der Praxis muss man die von *McLafferty* formulierte SSS-Regel beachten, d. h. man muss einen Kompromiss bezüglich des Umfangs an benötigter Information und damit der Sicherheit des Resultates (security), der Analysenzeit (speed) und der Kosten ($) eingehen: Ein akuter Vergiftungsfall ist etwas anderes als die analytische Untermauerung eines Strafprozesses.

6.2
Qualitative Analytik

6.2.1
Mit chromatographischer Trennung

GC-Kopplung
Die Kopplung eines Massenspektrometers mit einem Gaschromatographen (GC/MS) [3] ist unproblematisch. Ionisation kann sowohl durch EI als auch durch CI erfolgen. Bei weniger leicht flüchtigen Verbindungen ist u. U. Derivatisierung angebracht [4] (ROH → ROSi$(CH_3)_3$; RNH_2 → $RNHCOC_2F_5$; RCOOH → RCOOR';

Massenspektrometrie, Fünfte Auflage. H. Budzikiewicz, M. Schäfer
Copyright © 2005 WILEY-VCH Verlag GmbH & Co. KGaA, Weinheim
ISBN: 3-527-30822-9

N-Trifluoracetylaminosäureisopropylester, vgl. Abb. 23, Abschn. 2.4), um Zersetzung der Probe bzw. ein zu hohes Erhitzen der GC-Säulen zu vermeiden (die Massenspektren des „Säulenblutens" überlagern die der Messsubstanzen, vgl. Abb. 83, Kap. 18).

Für routinemäßige GC/MS-Analytik eignen sich am besten Quadrupolgeräte (s. Abschn. 2.3.2), in der einfachsten Ausführung gelegentlich als „massenspezifische Detektoren" bezeichnet. Das Gaschromatogramm wird in der Regel aus dem Totalionenstrom (TI) rekonstruiert. Je nach Aufgabenstellung kann man von jedem GC-Peak komplette Massenspektren aufnehmen, bei der Suche nach bestimmten Verbindungen oder Verbindungsklassen nur eine charakteristische Ionenmasse (*single ion detection*, SID, oder *monitoring*, SIM; Abb. 23) oder mehrere Ionenmassen (*multiple ion detection*, MID, oder *monitoring*, MIM; Abb. 22, Abschn. 2.4) registrieren. Ganze Massenspektren liefern mehr Information, durch die Messung weniger Ionen gewinnt man an Zeit und Empfindlichkeit. Soll eine bestimmte Substanz in einem komplexen Gemisch (Bodenprobe, Körperflüssigkeit) nachgewiesen werden, kann die Nachweissicherheit durch hohe Auflösung ($\leq 10\,000$) verbessert werden (Unterscheidung des gesuchten Ions von isobaren Ionen nicht abgetrennter Begleitsubstanzen). Hierzu sind doppelt fokussierende Geräte (Abschn. 2.3.2) notwendig, die aber wegen der Trägheit des Magnetsektors im Vergleich zu Quadrupolgeräten bei MID weniger schnell zwischen den ausgewählten Massen springen können.

Als Ionisierungsmethoden kommen EI und CI in Frage. EI liefert bei der Registrierung kompletter Spektren über die Fragmentierungsmuster Strukturinformationen, gelegentlich wird aber kein Molekülion beobachtet. Vergleich mit Datenbanken – auch automatisiert – ist möglich (s. aber die Warnung in Abschn. 2.5). CI mit Isobutan oder Methan liefert in der Regel nur intensive $[M+H]^+$-Ionen (vgl. Abb. 26, Abschn. 3.6).

LC- und CE-Kopplung

Die Kopplung mit einem Flüssigchromatographen (LC) [47a] ist schwieriger, da in der Regel schwer flüchtige Substanzen untersucht werden sollen. EI oder CI ist eingeschränkt möglich (s. Particle Spray Abschn. 2.2.4), wird aber ebenso wie flow-FAB (Abschn. 2.2.3) kaum mehr verwendet. Die Methode der Wahl für eine Kombination von LC oder Kapillarzonenelektrophorese (CE) mit einem Massenspektrometer – insbesondere für Substanzen wie Proteine, Nukleotide, Zucker – ist Electrospray-Ionisation (ESI) (Abschn. 2.2.4). Probleme können sich bei Laufmittelgradienten und Pufferzusätzen ergeben (wenn Puffer unumgänglich sind, sollten flüchtige Puffer wie Ammonium- oder Pyridiniumacetat verwendet werden). Bei ESI werden meist nur [M+H]$^+$-und/oder [M+nH]$^{n+}$- bzw. [M–H]$^-$-Ionen gebildet, sodass man nur Information über die Molmassen erhält. Strukturcharakteristische Fragmentionen kann man bei Verbindungen bis zu einer Masse von etwa 2000 u, wenn die chromatographische Abtrennung einzelner Verbindungen gelingt, durch induzierten Zerfall (Abschn. 3.6) mittels „skimmer-CID" erhalten. CID ausgewählter Ionen in einem Tandemgerät setzt eine LC-Peakbreite von Minuten voraus, eine Zeitspanne, die meist nicht zur Verfügung steht [47 b]. Für zeitaufwändige MS^n-Studien empfiehlt es sich, die interessierenden Fraktionen nach vorheriger chromatographischer Trennung (*off-line*) zu untersuchen (s. Abschn. 6.2.2).

6.2.2
Qualitative Analyse ohne vorhergehende chromatographische Trennung

Häufig ist man bei komplexen Gemischen nicht daran interessiert, alle Komponenten zu identifizieren. Beispiele sind die forensische und Umweltanalytik und Untersuchungen im medizinischen Bereich, wo nur nach bestimmten Verbindungen gesucht wird (Anwesenheit von Giftstoffen, von Schadstoffen in Gewässern oder von Medikamenten in Körperflüssigkeiten). Die folgenden Techniken bieten sich an, um aus der Vielzahl der im Gemisch vorliegenden Substanzen die interessierenden herauszusuchen oder um wenigstens eine Auswahl zu treffen:

- *Single* und *multiple ion detection* (SID, MID) (s. Abschn. 2.4.2).
- Verwendung selektiver Reaktandgase bei CI (s. Abschn. 2.2.2). Ein Beispiel (Identifizierung von Nitrosaminen in Wurst) findet sich in Abb. 35.
- Gruppenspezifische Derivatisierung. So lassen sich z. B. Alkohole in ihre Pentafluorpropionatester überführen (ROH → ROCOC$_2$F$_5$), die bei NCI C$_2$F$_5$COO$^-$ (*m/z* 163) und C$_2$F$_4$COO$^-$ (*m/z* 144) liefern. MID der beiden Massen wird die GC-Peaks identifizieren, die von entsprechend derivatisierten Hydroxyverbindungen stammen. Es gibt auch für andere funktionelle Gruppen Derivatisierungsreagentien (Vgl. Abb. 23, CF$_3^+$ für Aminosäuren im Gemisch).
- Tandem-Massenspektrometrie. Ist eine chromatographische Vortrennung nicht möglich oder zu zeitaufwendig, wird man versuchen, nur (Quasi)Molekü1ionen der einzelnen Komponenten zu erzeugen (z. B. durch ESI – s. Abschn. 2.2.4 – oder durch CI – s. Abschn. 2.2.2) und diese dann durch CID zu fragmentieren. Ein Beispiel findet sich in Abb. 26. Ist das Zerfallsmuster einer Verbindungsklasse bekannt, kann man durch Vorläufer-

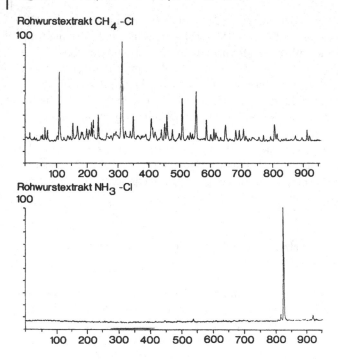

Abb. 35 Gaschromatogramm eines Wurstextraktes zum Nachweis von Nitrosaminen. $CI(CH_4)$ (obere Spur) führt zur Ionisation aller organischen Verbindungen, $CI(NH_3)$ (untere Spur) nur der N-haltigen Verbindungen.

ionen- oder „*constant neutral loss*"-Scan (Abschn. 3.6.1) in Frage kommende Molekülionen identifizieren und anschließend durch Produktionen-Scan und Vergleich mit Referenzspektren eine Identifizierung durchführen (Abb. 36).

6.3
Quantitative Analytik

Vollständige quantitative Gemischanalysen sind heute abgesehen von Gasanalysen (Abgase in der Industrie, Atemluftanalyse in der Medizin) selten. Praktisch kann eine solche Analyse entweder mit Hilfe eines Kollektors für jede Ionensorte (dies erlaubt eine kontinuierliche Registrierung) oder durch Aufnahme des Spektrums und Ausmessen der Peakintensitäten erfolgen. Quantitative Bestimmung einzelner Komponenten in komplexen Gemischen ist von Bedeutung z. B. in der Umweltanalytik, der Forensik (Rauschgifte) oder der Metabolitenforschung, meist nach einer partiellen Vortrennung.

Die Empfindlichkeit (Abhängigkeit der Signalsintensität/Peakhöhe von der Substanzmenge) des Massenspektrometers bzw. des gewählten MS-Verfahrens muss für jede Komponente durch Eichung mit Reinsubstanzen ermittelt werden, die eine Kalibrie-

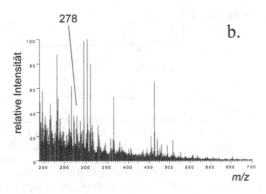

a.

173u; R = H
173u; R = CH₃

+ H⁺

CHCH₂CH₂·N⟨CH₃, R

b.

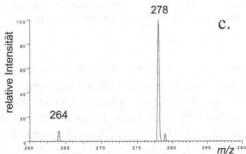

c.

Abb. 36 (a) Charakteristische Fragmente von Amitriptylin (R=CH₃) und Nortriptylin (R=H). (b) FAB-Spektrum einer Urinprobe nach einer Überdosis von Amitriptylin und Nortriptylin. (c) „*constant neutral loss*"-Scan *m/z* 173 liefert die [M+H]⁺-Ionen *m/z* 264 (Nortriptylin) und 278 (Amitriptylin) (nach M. Schäfer und H. Budzikiewicz, *Spectroscopy* **13**, 213 (1997)).

rungsfunktion ergibt (Abb. 37). Eine quantitative Bestimmung ist nur im linearen Proportionalitätsbereich möglich. Unterhalb des Rauschpegels sind Signale nicht mehr zu erkennen bzw. können kleine Substanzmengen z. B. durch Adsorption verlorengehen. Oberhalb der Sättigungsgrenze führt Zunahme der Substanzmenge zu keiner höheren Signalintensität. Quantitative Analysen werden durch substanz- und gerätebedingte Faktoren begrenzt. Die Steigung der Kalibrierungsfunktion ist ein Maß für die Empfindlichkeit der Methode. Für die Praxis (z. B. Verwertbarkeit von Analysenergebnissen vor Gericht) wird eine Nachweisgrenze definiert, die ein Mehrfaches des Rauschpegels sein muss. Für Details siehe [48]. Wichtig ist auch, dass die zur Quantifizierung benutzten Ionen ausschließlich von der zu bestimmenden Substanz stammen.

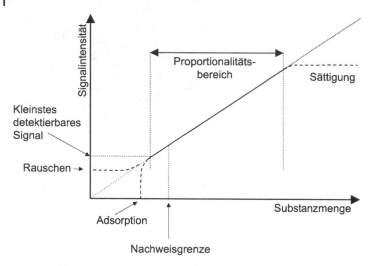

Abb. 37 Abhängigkeit der Signalintensität von der Substanzmenge.
Empfindlichkeit: Steigung der Kalibrationskurve im Proportionalitätsbereich.
Die Nachweisgrenze (*engl.* lower limit of detection, LOD) ist die minimale
nachweisbare Substanzmenge bzw. Konzentration des Analyten in einer Probe,
die vom kleinsten detektierbaren Signal des Analyten anhand der Kalibrationskurve abgeleitet wird. Das minimal detektierbare Signal eines Analyten ist zumindest 5–10-mal höher als der Rauschpegel. Damit hängt die Nachweisgrenze
direkt von der Empfindlichkeit des Verfahrens ab.

Alternativ kann der Probe vor der Aufarbeitung eine bekannte
Menge eines internen Standards zugesetzt werden. Wenn verfüg-
bar, werden isotopenmarkierte Analoge der zu bestimmenden
Substanz verwendet. Dabei ist darauf zu achten, dass sich die Isotopenmuster von Analyt und Referenz nicht überlagern (s.
Abschn. 5.3). Seltener werden homologe Verbindungen als Standard verwendet. Für Details s. gleichfalls [48]. Alles im vorher-
gehenden Absatz Gesagte ist auch hier zu beachten.

Hohe Selektivität und Empfindlichkeit kann man mit Tandem-
geräten erreichen. Voraussetzung ist, dass das Fragmentierungsmuster des Analyten bekannt ist. Der erste Analysator lässt ein
ausgewähltes Vorläuferion passieren, der zweite ein charakteristi-
sches Fragmention. Am geeignetsten sind intensive Fragmentionen, die durch Abspaltung eines charakteristischen Neutralteilchens (also nicht H_2O, NH_3, CO usw.) entstanden sind. Dieses
Verfahren wird als *Selected Reaction Monitoring* (SRM) bezeichnet.
Quantifiziert kann entweder durch Bestimmung einer Eichfunk-
tion oder nach Zusatz eines internen Standards durch Registrierung des analogen Ionenpaars der Standardsubstanz werden (*Multiple Reaction Monitoring* (MRM).

7
Bindungsenergien und thermodynamische Daten aus IP- und AP-Messungen [49]

IP's und AP's sind für das Verständnis von Fragmentierungsreaktionen von Interesse, da sie Auskunft über den Energieinhalt von Edukten und Produkten geben (s. Abschn. 8.2). Aus ihnen lassen sich überdies Bindungsenergien ableiten. Die wenigsten Massenspektrometer sind heute für derartige Bestimmungen ausgelegt, viele Werte sind aber tabelliert. Einige Beispiele sollen die Gedankengänge erläutern.

Die Berechnung von Bindungsenergien beruht auf folgender Überlegung: Den Prozess

$$XY \rightarrow X^+ + Y + e^-$$

kann man zerlegt denken in

$$XY \rightarrow X + Y,$$

wofür der Energiebetrag in der Höhe der Bindungsenergie D(X-Y) aufzuwenden ist, und

$$X \rightarrow X^+,$$

wofür Energie in der Höhe von IP(X) notwendig ist. Der Gesamtenergiebetrag für die Bildung von X^+ aus XY, d.i. AP(X^+) ist daher

$$AP(X^+) = D(X\text{-}Y) + IP(X) + E, \tag{24}$$

wobei E die Summe von kinetischer und Anregungsenergie ist, die die Teilchen X^+ und Y bei der Bildung eventuell mitbekommen. Über die Größe von E ist meist nicht viel bekannt, kann aber nach dem sog. Hammond-Prinzip für einfache Bindungsspaltungen in erster Näherung vernachlässigt werden.

Bei einfachen Bindungsspaltungen ähnelt der Übergangszustand den Produkten („loose transition state"); die Rückreaktion benötigt keine Aktivierungsenergie zum Unterschied von Fragmentierungsreaktionen unter Umlagerung („tight transition state") (vgl. Abschn. 8.2 und Abb. 29, Abschn. 3.7).

Massenspektrometrie, Fünfte Auflage. H. Budzikiewicz, M. Schäfer
Copyright © 2005 WILEY-VCH Verlag GmbH & Co. KGaA, Weinheim
ISBN: 3-527-30822-9

Beispiel:

$H_2^+ \rightarrow H^+ + H^\bullet$
$AP(H^+) = 18,1$ eV; $IP(H^\bullet) = 13,6$ eV
$AP(H^+) = D(H\text{-}H) + IP(H^\bullet)$
$D(H\text{-}H) = 18,1 - 13,6 = 4,5$ eV $= 433$ kJ/mol

In analoger Weise kann man die Bindungsenergie im Molekülion bestimmen, wenn man den Zerfall

$XY \rightarrow X^+ + Y + e^-$

folgendermaßen zerlegt: Für

$XY \rightarrow XY^+ + e^-$

ist $IP(XY)$ aufzuwenden, für

$XY^+ \rightarrow X^+ + Y$

$D(XY^+)$. Daraus ergibt sich

$$AP(X^+) = D(XY^+) + IP(XY) + E, \tag{25}$$

wobei bezgl. E das oben Gesagte gilt.

Beispiel:

$H_2 \rightarrow H^+ + H^\bullet + e^-$
$AP(H^+) = 18,1$ eV, $IP(H_2) = 15,4$ eV
$AP(H^+) = D(H\text{-}H^+) + IP(H_2)$
$D(H\text{-}H^+) = 18,1 - 15,4 = 2,7$ eV $= 260$ kJ/mol

Schließlich kann man die AP's mit den Bildungsenthalpien für die einzelnen beteiligten Species in Zusammenhang bringen, da die Reaktionsenthalpie (H) gleich der Summe der Bildungsenthalpien der Produkte minus der Bildungsenthalpien der Edukte ist. Für den Prozess

$XY \rightarrow X^+ + Y + e^-$

gilt daher

$$\Delta H = \Delta H(X^+) + \Delta H(Y) - \Delta H(XY), \tag{26}$$

wobei

$$\Delta H = AP(X^+),$$

nämlich der für die Bildung von X^+ und Y aus XY aufgewendete Energiebetrag ist. Bestimmt man diesen Energiebetrag und kennt alle H bis auf eines, so kann man dieses berechnen.

Beispiel:

$H_2 \rightarrow H^+ + H^\bullet + e^-$
$AP(H^+) = 18,1$ eV, $\Delta H(H^\bullet) = 2,25$ eV, $\Delta H_0(H_2) = 0$
$AP(H^+) = \Delta H(H^+) + \Delta H(H^\bullet) - \Delta H(H_2)$
$\Delta H(H^+) = 18,1 - 2,25 = 15,85$ eV $= 1524$ kJ/mol

Analog gilt für

$X \rightarrow X^+ + e^-$
$$\Delta H = IP(X^+) = \Delta H(X^+) - \Delta H(X) \tag{27}$$

Die Zusammenhänge der einzelnen Werte sind nochmals in Abb. 38 veranschaulicht. Bei der Spaltung von XY^+ wird das Ion mit dem niedrigeren $AP(X)^+$ – nach dem *Hammond*-Prinzip mit gerin-

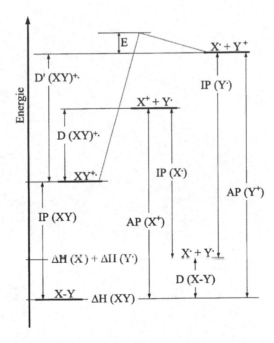

Abb. 38 Energiediagramm.

ger oder ohne Überschussenergie, das mit dem höheren AP (Y^+) – nach der sog. Regel von *Stevenson* – mit Überschussenergie gebildet.

■ **Aufgaben**

Aufgabe 10:

Zu bestimmen ist die Bindungsenergie der C-C-Bindung in CH_3CF_3. $AP(CF_3^+) = 13{,}9$ eV, $IP(CF_3^\bullet) = 10{,}2$ eV.

Aufgabe 11:

Berechnen Sie aus folgenden Angaben die für die Bindungsspaltung aufzuwendenden Energien a) für $CO_2 \rightarrow CO + O$ und $CO \rightarrow C + O$ und b) für $CO_2^+ \rightarrow CO^+ + O$ und $CO^+ \rightarrow C^+ + O$: $IP(CO) = 14{,}0$ eV, $IP(CO_2) = 13{,}8$ eV, $IP(C) = 11{,}3$ eV, $AP(CO^+$ aus $CO_2) = 19{,}5$ eV, $AP(C^+$ aus $CO_2) = 27{,}8$ eV.

Aufgabe 12:

Für die Bildung des Ions $C_2H_2^+$ aus C_2H_4 werden zwei Möglichkeiten diskutiert, nämlich a) die Abspaltung von einem Molekül H_2 und b) von zwei $H^\bullet$-Atomen. Versuchen Sie anhand der folgenden Daten zwischen den beiden Möglichkeiten zu entscheiden: $IP(C_2H_2) = 11{,}41$ eV, $AP(C_2H_2^+$ aus $C_2H_4) = 13{,}20$ eV, $\Delta H(C_2H_4) = 0{,}54$ eV, $\Delta H(C_2H_2) = 2{,}35$ eV, $H(H^\bullet) = 2{,}25$ eV, $H(H_2) = 0$.

8
Interpretation der Fragmentierungsmuster organischer Verbindungen

8.1
Symbolik

Um die Zerfalls- und Umlagerungsreaktionen von Ionen beschreiben zu können, hat sich eine Symbolsprache entwickelt [50], die, soweit sie allgemeine Verwendung findet, hier zusammengefasst werden soll.

Die Ladung eines Ions kann man dadurch angeben, dass man die Formel in eckige Klammern setzt und mit einem + bzw. – Zeichen versieht. Ungeradelektronische Ionen werden oft durch Zusatz eines Radikalpunktes gekennzeichnet:

$[CH_3COCH_3]^{+\bullet}$, $[CH_3CO]^+$, $[CCl_4]^{-\bullet}$, $[CCl_3]^-$

Bei Strukturformeln werden die klobig wirkenden eckigen Klammern mitunter stark reduziert wiedergegeben:

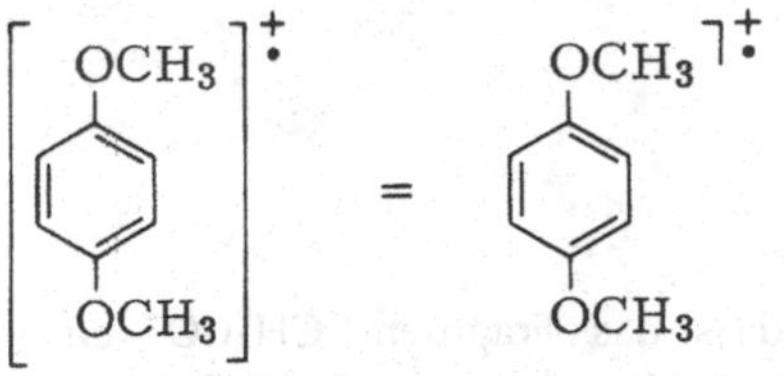

Es ist angeregt worden, runde Klammern zu verwenden, da eckige Klammern Konzentrationen bedeuten; dies ist aber unübersichtlich, da Formeln organischer Verbindungen häufig runde Klammern zur Abgrenzung von Strukturelementen enthalten.

Will man andeuten, dass die positive Ladung (Analoges gilt für ein evtl. vorhandenes ungepaartes Elektron) an einer bestimmten Stelle im Molekül lokalisiert gedacht werden soll (s. Abschn. 8.3), so kann man dies in der Formel angeben:

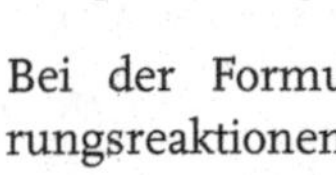

$CH_3-\overset{\overset{\displaystyle |\overset{\bullet}{O}|}{\|}}{C}-CH_3$

Bei der Formulierung von Bindungsspaltungen und Umlagerungsreaktionen wird der Anschaulichkeit halber eine Verschie-

Massenspektrometrie, Fünfte Auflage. H. Budzikiewicz, M. Schäfer
Copyright © 2005 WILEY-VCH Verlag GmbH & Co. KGaA, Weinheim
ISBN: 3-527-30822-9

bung von einem Elektron (z. B. bei Homolyse) durch einen Halbpfeil ($\frown$), die von zwei Elektronen durch einen vollständigen
Pfeil ($\frown$) bezeichnet:

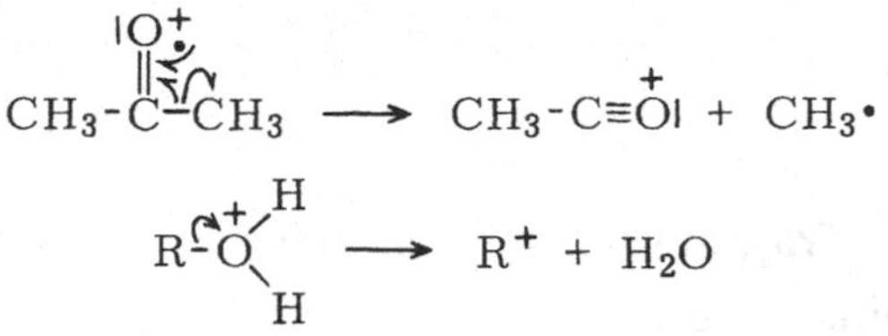

$$CH_3 - \overset{\overset{\displaystyle |O^+_\bullet}{\|}}{C} - CH_3 \longrightarrow CH_3 - C \equiv \overset{+}{O}| + CH_3 \cdot$$

$$R - \overset{+}{\underset{\underset{\displaystyle H}{\diagdown}}{O}} {\diagup}^H \longrightarrow R^+ + H_2O$$

Um – wie bei der angeführten Abspaltung von $CH_3^\bullet$ aus Aceton –
die Übersichtlichkeit zu wahren, die durch die Vielzahl der Pfeile
beeinträchtigt sein könnte, wird die Darstellung oft stark vereinfacht, z. B.

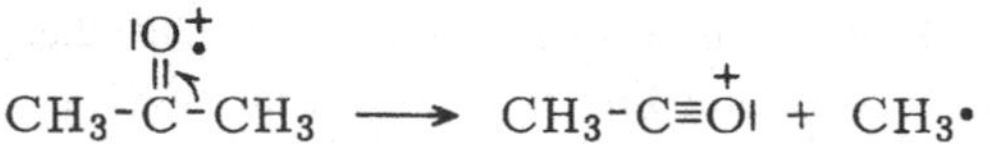

$$CH_3 - \overset{\overset{\displaystyle |O^+_\bullet}{\|}}{C} - CH_3 \longrightarrow CH_3 - C \equiv \overset{+}{O}| + CH_3 \cdot$$

doch sollte man so lange, bis man mit dieser „Kurzschrift" sicher
arbeiten kann, für jedes beteiligte Elektron einen Halbpfeil verwenden.

Bei einfachen und übersichtlichen Fragmentierungsreaktionen,
bei denen über den Ablauf kein Zweifel besteht, aber oft auch
dann, wenn man über den Mechanismus nichts aussagen, sondern nur andeuten will, welcher Molekülteil abgespalten wird, bedient man sich einer quer durch die Formel gehenden Wellenlinie:

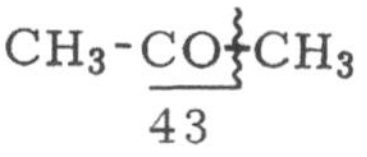

$$CH_3 - \underset{43}{\underline{CO}} \} CH_3$$

Die Zahlenangabe bedeutet, dass das Fragment CH_3CO^+ eine
Masse von 43 u besitzt. Will man die Masse für beide bei einer
Spaltung entstandenen Bruchstücke angeben, so geschieht dies in
der folgenden Weise:

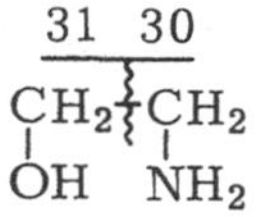

$$\overset{\displaystyle \overline{31 \quad 30}}{\underset{\displaystyle \underset{\displaystyle OH \quad NH_2}{|\qquad|}}{CH_2 \} CH_2}}$$

Treten bei Bruchstücken H-Umlagerungen auf, über deren Mechanismus man nichts aussagen will, so kann man dies ebenfalls andeuten. In der folgenden Formel hat das Molekülion zusätzlich zu dem rechts von der Wellenlinie stehenden Molekülteil noch ein H-Atom verloren:

8.2
Allgemeine Vorbemerkungen

Die Massenspektrometrie unterscheidet sich in einem wesentlichen Punkt von den übrigen spektroskopischen Methoden: Ein Massenspektrum spiegelt nicht die mit dem Übergang zwischen verschiedenen Energieniveaus einer Verbindung verbundene Energieaufnahme und -abgabe wider, sondern es ist eine partielle Produktanalyse eines Reaktionsprozesses, der nach einer bestimmten Zeit abgebrochen wird, nämlich wenn die Ionen den Reaktionsbereich (Ionenquelle, Stoßkammer bei CID) verlassen und in den Analysator eintreten. Wie bereits in Abschn. 3.2 erwähnt, können Ionen, sofern sie genügend Überschussenergie besitzen oder sie ihnen nachträglich zugeführt wird (CID), chemische Reaktionen eingehen, von denen die wichtigsten monomolekulare Zerfalls- und Umlagerungsreaktionen sind. Bei vielatomigen Molekülen kommt es dabei zu einer großen Zahl konkurrierender Prozesse, die ihrerseits in mehreren Stufen ablaufen können.

Wie bei jeder komplexen Reaktion hängt deren Ergebnis von zwei Faktoren ab, der zugeführten Energie (beim Ionisierungsprozess übertragene oder bei CID zugeführte Energie und mitgebrachte thermische Anregung, vgl. Abschn. 3.7) und der Reaktionsdauer. Dies ist der Grund dafür, dass das Aussehen eines Massenspektrums sehr stark von der Ionisierungsart, dem Typ des verwendeten Massenspektrometers und den Messbedingungen abhängt.

Kennt man die Energieverteilung der reagierenden Species und die Geschwindigkeitskonstanten aller möglichen Reaktionen, könnte man Massenspektren berechnen. Dies ist bei einfachen Molekülen auch mit Hilfe eines Ansatzes geschehen, der als Quasi-Gleichgewichts-Theorie (QET von englisch *quasi-equilibrium theory*) bezeichnet wird. Durch weitgehende Vereinfachung der Voraussetzungen führt diese zu der Gleichung

$$k = f \left(\frac{E - E_o}{E_o} \right)^{s-1} \tag{28}$$

wobei k die Geschwindigkeitskonstante für eine bestimmte Zerfalls- oder Umlagerungsreaktion, E den Energieinhalt des reagierenden Teilchens, E_o die für die Reaktion benötigte Mindestenergie, s die Zahl der Schwingungsfreiheitsgrade des Ions und f einen Wahrscheinlichkeits- oder Frequenzfaktor bedeutet, der angibt, ob die Reaktion nur aus einer bestimmten Konformation des Ions heraus (z. B. Umlagerungen, bei denen zwei Zentren einander ausreichend nahe sein müssen; f klein, sog. *tight transition state*) oder ohne besondere sterische Voraussetzungen (wie z. B. einfache Bindungsspaltungen; f groß, sog. *loose transition state*) abläuft (vgl. Abb. 29, Abschn. 3.7). Die Gl. (28) ist für die quantitative Berechnung der verschiedenen Reaktionsgeschwindigkeiten nicht geeignet, erlaubt aber ein qualitatives Verständnis für einige allgemeine Gesetzmäßigkeiten:
1. Verbleib der positiven Ladung. Für die Reaktionen X-Y$^{+\bullet}$ → X$^+$+Y$^\bullet$ bzw. X-Y$^{+\bullet}$ → X$^\bullet$+Y$^+$ ist f gleich (Spaltung derselben Bindung). Es sollte daher die Reaktion mit größerer Wahrscheinlichkeit ablaufen (d. h. zu einem Ion höherer Intensität führen), die des geringeren Energieaufwandes bedarf (E_o kleiner). Dies führt dazu, dass die Ladung bevorzugt bei dem stabileren Ion bleibt:

$$CH_3^+ + CH_3CO^\bullet \leftarrow CH_3COCH_3^{+\bullet} \rightarrow CH_3CO^+ + CH_3^\bullet$$

Vergegenwärtigt man sich das Energiediagramm Abb. 38 (Kap. 7), so kann man entweder nach dem Schema X-Y → X$^\bullet$+Y$^\bullet$ → X$^+$+Y$^\bullet$ bzw. Y$^+$+X$^\bullet$ feststellen, ob X$^\bullet$ oder Y$^\bullet$ das geringere IP hat (*Audier*sche Regel [51]) (IP($^\bullet$CH$_3$) = 9.8 eV, IP(CH$_3$CO$^\bullet$) = 8,1 eV, man beobachtet also überwiegend CH$_3$CO$^+$), oder nach dem Schema XY → X$^+$+Y$^\bullet$ bzw. Y$^+$+X$^\bullet$, für welchen Prozess die Summe der Bildungsenthalpien niedriger ist (ΔH(CH$_3$CO$^+$ ~ 630; ΔH(CH$_3^\bullet$) = 146; Σ = 776 kJ/mol; ΔH(CH$_3^+$) = 1095; ΔH(CH$_3$CO$^\bullet$) = –23; Σ = 1072 kJ/mol). Wo keine Zahlenwerte zur Verfügung stehen, hilft die Erfahrung des Chemikers hinsichtlich der relativen Stabilitäten von Ionen. In diesem Zusammenhang soll nochmals darauf hingewiesen werden, dass nach einer Zerfallsreaktion im Massenspektrum nur die geladenen Teilchen registriert werden. Es kann bei strukturell ähnlichen Verbindungen durchaus vorkommen, dass einmal das eine, einmal das andere Teilchen stabiler ist. So zerfällt 3-Methylcyclobutanon in ionisiertes Keten (IP=9,5 eV) und neutrales Propen (IP=9,8 eV), 3,3-Dimethylcyclobutanon aber in ionisiertes 2-Methylpropen (IP=9,35 eV) und neutrales Keten (IP=9,5 eV). Die zusätzliche Stabilisierung des Alken-Kations durch den +I-Effekt der zweiten Methylgruppe senkt das IP so weit ab, dass die Ladung nicht mehr beim Keten bleibt.

$$CH_3-C=CH_2 \overset{\cdot}{}{}^+ \xleftarrow{R=CH_3} \quad \underset{CH_3 \overline{} R}{\square^{=O}} \quad \xrightarrow{R=H} [CH_2=C=O]^{+\cdot}$$
$$|$$
$$CH_3$$

Die Spektren der beiden Verbindungen, die sich nur durch eine Methylgruppe unterscheiden, sehen dadurch so verschieden aus, dass man auf den ersten Blick die nahe Verwandtschaft kaum erkennt. Dies ist besonders bei der Benutzung von Spektrenbibliotheken bzw. bei Strukturvorschlägen basierend auf automatischem Spektrenvergleich (s. Abschn. 2.5) zu beachten!

2. Bei Reaktionen mit vergleichbarem Frequenzfaktor, z.B. bei konkurrierenden α-Spaltungen wird bevorzugt das stabilere (größere, stärker verzweigte) Radikal abgespalten: $C_2H_5CO^+ + {}^\bullet CH_3 \leftarrow C_2H_5COCH_3^{+\bullet} \rightarrow CH_3CO^+ + {}^\bullet C_2H_5$ ($\Delta H(CH_3CO^+) \sim 630$; $\Delta H({}^\bullet C_2H_5)=107$; $\Sigma=737$ kJ/mol; m/z 43...100%; $\Delta H(C_2H_5CO^+) \sim 602$; $\Delta H({}^\bullet CH_3)=146$; $\Sigma=748$ kJ/mol; m/z 57...5% rel. Int.). Ein weiteres Beispiel findet sich in Aufgabe 17.

3. Umlagerungsreaktionen (kleines f) können nur dann erfolgreich mit einfacher Bindungsspaltung (großes f) konkurrieren, wenn sie energetisch weniger aufwändig sind (dies ist häufig der Fall, da bei Bindungsspaltung die Bindungsenergie aufgebracht werden muss, bei Umlagerungsreaktionen gleichzeitig Bindungen gelöst und geknüpft werden, woraus ein weitgehend energieneutraler Prozess resultiert). Umlagerungsreaktionen werden daher bei niedrigen Anregungsenergien, die für Bindungsspaltungen nicht ausreichend Energie liefern, dominieren.

4. In diesem Abschnitt sind häufig die Ausdrücke „bevorzugt" oder „überwiegend" gebraucht worden. Dies bedeutet, dass es hier wie sonst in der Chemie kein „alles oder nichts" gibt, sondern dass ein Gleichgewicht weitgehend auf einer Seite liegt, dass von zwei konkurrierenden Prozessen einer überwiegt, dass eine geringere Anzahl von Ionen genügend Energie besitzt, um als Zerfallsprodukt das weniger stabile Fragmention zu bilden usw. In welchem Ausmaß dies geschieht, ist von Fall zu Fall ver-

schieden und muss häufig empirisch ermittelt werden, man kann jedoch zumindest das Ergebnis abschätzen.

Bei diesen Überlegungen muss man Folgendes beachten:

1. Wegen des hohen Vakuums in der Ionenquelle und der kurzen Verweilzeit ($\sim 10^{-6}$ s) kommt es bei EI kaum zu Stößen, bei welchen Energie aufgenommen oder abgegeben werden könnte (bei CI und insbesondere bei API ist die Situation anders). Das heißt, dass jedes Ion bis zu seinem Zerfall die innere Energie behält, die es während des Ionisierungsvorganges und durch thermische Anregung aufgenommen hat. Intramolekulare Umlagerungen, die zu stabileren Strukturen führen, erhöhen den Betrag an freier (Schwingungs-) Energie. Es kommt somit nicht zu einem thermodynamisch kontrollierten Gleichgewicht, bei dem die Struktur mit der niedrigsten Bildungsenthalpie dominiert, sondern es werden allenfalls Reaktionswege eröffnet, die dem Ion mit der Ausgangskonstitution nicht offen waren.

2. In vielen Reaktionsschemata werden Ionen durch Strukturformeln wiedergegeben, die hauptsächlich auf Überlegungen über Ionenstabilitäten in kondensierter Phase beruhen, während nur in wenigen Fällen eingehende Untersuchungen der Strukturen von im Massenspektrometer gebildeten Ionen durchgeführt worden sind. So hat manches Zerfallsschema, das sich in der Literatur findet, nur den Wert einer Überlegung, wie der Zerfallsprozess ablaufen *könnte*, nicht aber den einer positiven Aussage über den *tatsächlichen* Ablauf.

3. Manches Missverständnis ist dadurch zustandegekommen, dass Untersuchungen über Ionenstrukturen an energiearmen und daher langlebigen Ionen durchgeführt wurden, die oft das Produkt komplexer Umlagerungsreaktionen sind, und dass diese Ergebnisse auf die Ionenquellenreaktionen übertragen wurden. Als Beispiel seien aliphatische Amine erwähnt. Während primäre Amine in der Ionenquelle überwiegend durch α-Spaltung zerfallen (s. Abschn. 9.5.1):

$$R\text{–}CH_2\text{–}CH_2\text{–}NH_2^{+\bullet} \rightarrow R\text{–}CH_2^{\bullet} + CH_2\text{=}NH_2^+ \;(\mathbf{a},\; m/z \; 30),$$

kommt es bei Molekülionen, die hierfür nicht ausreichend Überschussenergie besitzen, u. a. zur folgenden Reaktionsfolge (Schritt 1 können noch mehrere H-Umlagerungen vorgelagert sein) [52]:

$$R—CH_2—CH_2—\overset{+\bullet}{N}H_2 \xrightarrow{\text{1)}} R—\overset{\bullet}{C}H—CH_2—\overset{+}{N}H_3 \xrightarrow{\text{2)}} R—CH—\overset{\bullet}{C}H_2$$

$$\overset{|}{{}^+NH_3}$$

$$M^{+\bullet} \qquad\qquad\qquad \mathbf{b} \qquad\qquad\qquad \mathbf{c}$$

$$\xrightarrow{\text{3)}} R—CH—CH_3 \xrightarrow{CA} H_2\overset{+}{N}=CH—CH_3 + {}^\bullet R$$

$$\overset{|}{\updownarrow NH_2}$$

$$M'^{+\bullet} \qquad\qquad\qquad \mathbf{d},\ m/z\ 44$$

Die als Zwischenprodukte formulierten Ionen **b** und **c**, bei welchen Ladungs- und Radikalstelle getrennt sind, bezeichnet man als „*distonisch*" [53]. Stoßinduzierter Zerfall von $M'^{+\bullet}$ führt zu **d** (*m/z* 44). Neben distonischen Ionen können auch Ionen-Molekül-Komplexe als Zwischenprodukte auftreten [54].

4. Die Produktverteilung bei nicht reversiblen Konkurrenzreaktionen (Bildung von Bruchstückionen) ist kinetisch kontrolliert. Während bei Umlagerungsreaktionen häufig ein Aktivierungsberg überwunden werden muss (die Produkte also stabiler sind als der aktivierte Komplex), ist bei einfachen Bindungsspaltungen nach dem *Hammond*-Prinzip die Aktivierungsenergie der Rückreaktion vernachlässigbar. Für die Spaltung von C-C(N,O)-Bindungen werden die Frequenzfaktoren in Gl. (28) vergleichbar (eine Schwingungsperiode, $v \sim 3\cdot10^{13}\ \text{s}^{-1}$); bei vorgegebenem E hängt damit k nur von E_o ab, also für $X_iY_i^{+\bullet} \rightarrow X_i^+ + Y_i^\bullet$ von $\Delta H(X_i^+) + H(Y_i^\bullet) - \Delta H(X_iY_i)$ (s. Diagramm Abb. 38), wobei X_i und Y_i die in Konkurrenzreaktionen entstehenden Zerfallsprodukte sind. Dies soll am Beispiel des *n*-Butylamins erläutert werden (es werden nur Zerfallsreaktionen ohne Umlagerungen betrachtet; Zahlenwerte sind ΔH kJ/mol).

*Ion **b** hat eine um ca. 40 kJ/ mol niedrigere Bildungsenthalpie als $M^{+\bullet}$; die Umlagerung $M^{+\bullet} \rightarrow M'^{+\bullet}$ ist etwa energieneutral, aber $M'^{+\bullet} \rightarrow$ **d** ist energetisch günstiger als $M^{+\bullet} \rightarrow$ **a**, da **d** durch den +I-Effekt der CH_3-Gruppe stabilisiert wird ($CH_3 \blacktriangleleft C^+H\text{-}NH_2$).*

$$CH_3–CH_2–CH_2–CH_2–NH_2^{+\bullet} \rightarrow$$

$CH_3–CH_2–CH_2–CH_2^\bullet + {}^+NH_2$	$66 + 1263 = 1329$
$CH_3–CH_2–CH_2–CH_2^+ + {}^\bullet NH_2$	$839 + 172 = 1011$
$CH_3–CH_2–CH_2^\bullet + CH_2=N^+H_2$	$87 + 745 = 832$
$CH_3–CH_2–CH_2^+ + {}^\bullet CH_2–NH_2$	$868 + 155 = 1023$

(Spaltungen unter Bildung von H-, CH_3- oder C_2H_5-Radikalen bzw. -Ionen sind insgesamt energetisch ungünstiger als die Bildung von $CH_2=NH_2^+ + C_3H_7^\bullet$). Überwiegend entsteht somit das mesomeriestabilisierte (${}^+CH_2\text{-}NH_2 \leftrightarrow CH_2=NH_2^+$) Immoniumion.

8.3
Konzept der „lokalisierten Ladung"

Aus der Beobachtung, dass eine Spaltung von Bindungen bevorzugt in der Nachbarschaft von Heteroatomen und π-Systemen erfolgt, hat sich ein empirisches Konzept entwickelt, das mit Erfolg zur Interpretation und in bestimmtem Umfang auch zur Voraussage von Fragmentierungsreaktionen verwendet worden ist und wird, nämlich das Konzept der lokalisierten Ladung.

Die Überlegungen, die zu dem Konzept geführt haben, sollen anhand von Abb. 39 illustriert werden. Während im Spektrum des Steroid-Kohlenwasserstoffs 5a-Pregnan eine große Zahl von Fragmenten zu erkennen ist, die darauf hinweist, dass die verschiedenen C,C-Bindungen mit vergleichbarer Wahrscheinlichkeit gespalten werden, ist im Spektrum von 20-Dimethylamino-5a-pregnan praktisch nur ein Fragment (m/z 72) zu erkennen, das für über 90% des Gesamtionenstroms verantwortlich ist. Da die Einführung einer Dimethylaminogruppe sicher nicht die Bindungsenergien der einzelnen C,C-Bindungen im Steroidskelett so drastisch ändert, muss die Erklärung für das unterschiedliche Verhalten der beiden Verbindungen in einem anders gearteten Einfluss der Aminofunktion zu suchen sein.

Das Konzept der lokalisierten Ladung geht nun davon aus, dass die elektronisch angeregten Molekülionen schnell in eine Art elektronischen Grundzustand übergehen, der der Entfernung eines Elektrons aus dem obersten besetzten Orbital entspricht; mit anderen Worten, dass das Elektron als an einer Stelle fehlend angenommen wird, aus der es am leichtesten entfernt werden kann (aus nichtbindenden Elektronenpaaren von Heteroatomen, aus π-Systemen, aus tertiären und quartären aliphatischen Zentren usw.). Die dabei frei werdende Energie steht als Schwingungsenergie für Zerfälle und Umlagerungen zur Verfügung. Es wird daher eher zu Zerfallsreaktionen kommen als bei elektronisch angeregten Teilchen (E in Gl. (28) größer). Die Stelle im Molekül, die die positive Ladung trägt, ist notwendigerweise mit einem ungepaarten Elektron assoziiert, und es ist diese Radikalstelle, die für viele der Folgereaktionen verantwortlich ist. Sie kann dabei vom Ladungszentrum wegwandern (vgl. oben „distonische" Ionen).

Man kann sich die fragmentierungsdirigierende Wirkung des Ladungs-/Radikalzentrums vereinfacht so vorstellen, dass die Radikalstelle zum einen als Akzeptor für wandernde H-Atome oder Atomgruppen fungiert, zum anderen, dass das Elektronenmangelzentrum durch seinen –I-Effekt benachbarte Bindungen schwächt und so deren bevorzugte Spaltung bewirkt. Man kann aber auch mit der Stabilität der gebildeten Ionen argumentieren (ein Zen-

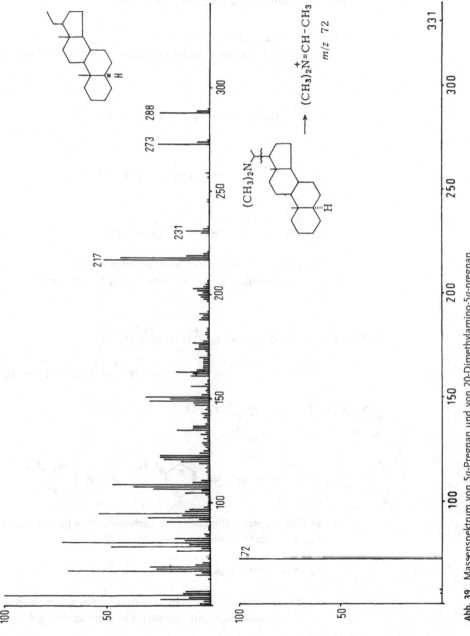

Abb. 39 Massenspektrum von 5α-Pregnan und von 20-Dimethylamino-5α-pregnan.

trum, das im Molekülion die Ladung gut stabilisiert, wird dies auch in den Fragmentionen tun, s. oben *n*-Butylamin).

8.4
Typische Zerfalls- und Umlagerungsreaktionen

1. Homolyse einer C,C-Bindung
   a) nach Entfernen eines nichtbindenden Elektrons von einem Heteroatom:

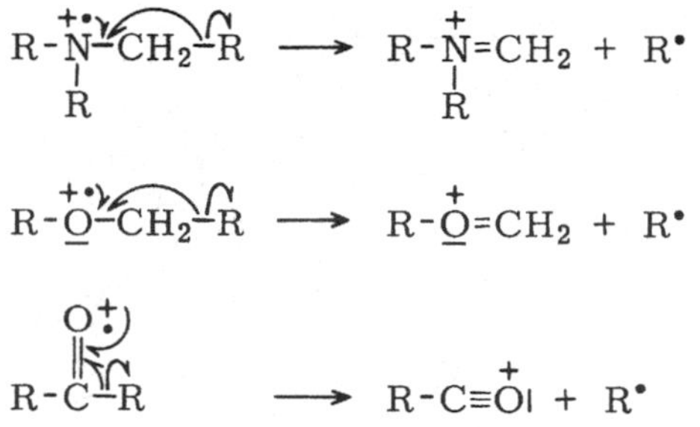

$$R-\overset{+\bullet}{\underset{R}{N}}-CH_2-R \longrightarrow R-\overset{+}{\underset{R}{N}}=CH_2 + R^\bullet$$

$$R-\overset{+\bullet}{\underline{O}}-CH_2-R \longrightarrow R-\overset{+}{\underline{O}}=CH_2 + R^\bullet$$

$$R-\overset{\overset{O\overset{+}{\cdot})}{\|}}{C}-R \longrightarrow R-C\equiv\overset{+}{O}| + R^\bullet$$

Diesen Prozess bezeichnet man als *α*-Spaltung.

   b) Ausbildung eines allylischen bzw. benzylischen Carbeniumions:

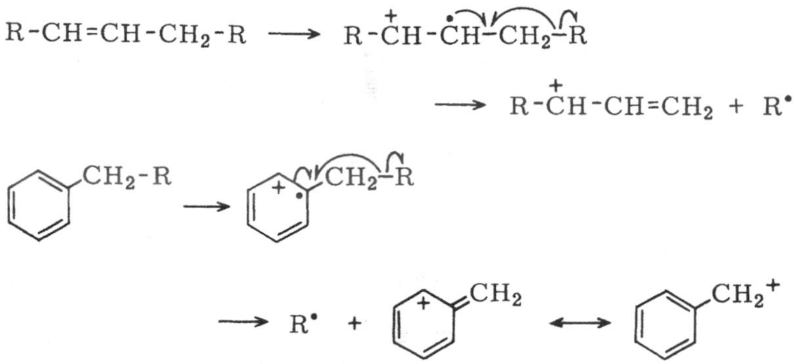

$$R-CH=CH-CH_2-R \longrightarrow R-\overset{+}{C}H-\overset{\bullet}{C}H-CH_2-R$$

$$\longrightarrow R-\overset{+}{C}H-CH=CH_2 + R^\bullet$$

$$\longrightarrow R^\bullet +$$

   c) Ausbildung eines aliphatischen Carbeniumions (tertiär bevorzugt vor sekundär bevorzugt vor primär):

$$R_3C\overset{\bullet}{\cdot}R \longrightarrow R_3C^+ + R^\bullet$$

Bei dieser Variante wird kein neues Elektronenpaar sondern ein Elektronensextett (mit gerader Elektronenzahl!) gebildet.

Ein ähnliches Verhalten findet man bei Heteroatomen aus höheren Perioden (P, S usw.), da hier Stabilisierung durch Elektronen innerer Schalen möglich ist.

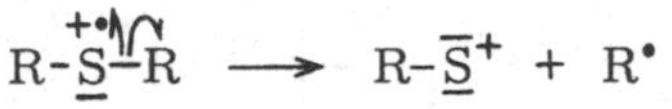

$$R-\overset{+\,\bullet}{\underline{S}}-R \longrightarrow R-\underline{\underline{S}}^+ + R^\bullet$$

2. Abstraktion eines Radikals von einer anderen Stelle innerhalb des Moleküls (Umlagerung!), wenn dadurch ein stabileres Radikal (tert > allyl > sec > prim) gebildet wird. Auf diese Weise entstehen distonische Ionen (getrennte Ladungs- und Radikalstelle).

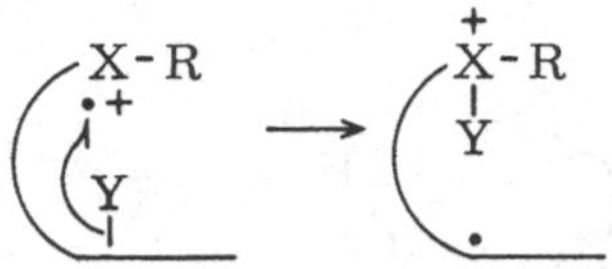

Diesen Vorgang beobachtet man besonders häufig bei cyclischen Verbindungen, bei denen eine einfache Bindungsspaltung noch nicht zu Fragmenten führt. Voraussetzung ist ausreichende räumliche Nähe der beteiligten Zentren. Beispiel: Bei der α-Spaltung von Cyclopentylamin entsteht ein primäres Radikal, das sich durch H-Wanderung in ein allylisches umlagert; dieses zerfällt schließlich durch Allylspaltung:

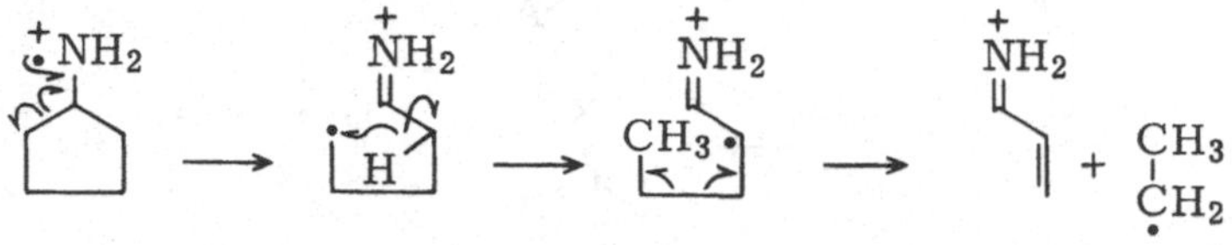

3

Nicht selten kommt es zu mehreren aufeinanderfolgenden Radikalwanderungen (H-Umlagerungen), wie in einigen Fällen durch Deuteriummarkierung bewiesen werden konnte.

3. Neben diesen offensichtlich durch die Radikalstelle im Molekül induzierten Zerfallsreaktionen gibt es eine Reihe, die durch Eliminierung besonders stabiler Neutralteilchen (H_2O, RCOOH, CO, CO_2, HCN, Olefine) ablaufen. Die dadurch bewirkte günstige Energiebilanz überwiegt gegenüber der Tatsache, dass ein ungepaartes Elektron erhalten bleibt. Derartige Eliminierungsreaktionen werden besonders beobachtet, wenn keine energetisch günstigen Bindungsspaltungen (z. B. von σ-Bindungen) möglich sind. Beispiele:

$$[C_nH_{2n+1}OH]^{+\cdot} \longrightarrow [C_nH_{2n}]^{+\cdot} + H_2O$$

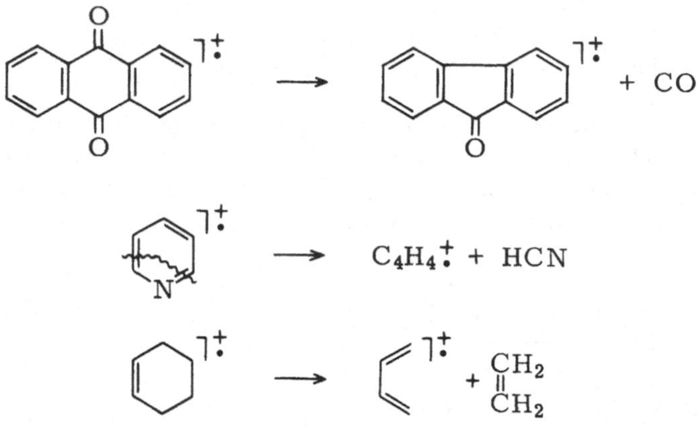

Abspaltung eines Olefins erfolgt auch bei der sog. *McLafferty*-Umlagerung [55]. Damit bezeichnet man allgemein eine H-Wanderung in einem sechsgliedrigen Übergangszustand in Systemen der allgemeinen Struktur

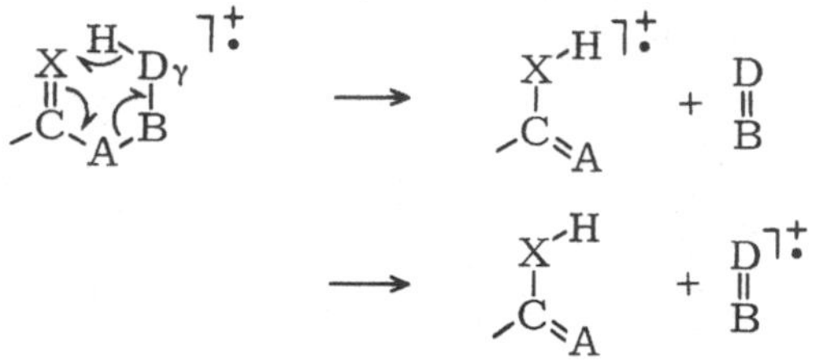

Voraussetzung ist eine Doppelbindung (C=X: C=C, C=O, C=N), eine Kette von drei durch σ-Bindungen (C-C, C-O usw.) verbundenen Atomen mit einem H-Atom in γ-Stellung sowie die sterische Möglichkeit, dass das γ-H-Atom mit X eine Bindung eingehen kann. Bzgl. der Frage, welches der Fragmente die positive Ladung trägt, s. Abschn. 8.2. Diese Fragmentierungsreaktion ist das massenspektrometrische Analogon zur Esterpyrolyse.

8.5
Hinweise zur Interpretation von Spektren

Es gibt keine festen Regeln, wie man aus einem Spektrum ein Maximum an Information erhalten kann. Der Grund hierfür liegt darin, dass IR, UV und NMR Informationen über Eigenschaften des intakten Moleküls liefern, ein Massenspektrum jedoch das Resultat einer Reihe von Ionenreaktionen ist. Dies hat zur Folge, dass in IR-, UV- und NMR-Spektren bestimmte Strukturelemente und funktionelle Gruppen sich immer in gleicher Weise zu erkennen geben, und zwar in weiten Grenzen wenig beeinflusst vom Rest des Moleküls (so liegen C=O-Banden im IR in einem eng umschriebenen Frequenzbereich, ebenso sind CH_3-Gruppen im NMR eindeutig zu identifizieren), während der Beitrag derselben Gruppe im Massenspektrum einer Verbindung von der Struktur des Gesamtmoleküls abhängt, in einem Fall für die im Spektrum dominierenden Fragmente verantwortlich ist und in einem anderen sich praktisch nicht bemerkbar macht (so prägt z.B. die Carbonylgruppe das Fragmentierungsmuster von aliphatischen Ketonen – s. Abschn. 9.8.2 –, das Massenspektrum von 20-Dimethylamino-5a-Pregnan-3-on würde sich abgesehen von der um 14 u höheren Masse des M^+ nicht von dem in Abb. 39 wiedergegebenen unterscheiden, d.h. die Ketogruppe macht sich nicht bemerkbar, während sie in beiden Fällen im IR-Spektrum eindeutig zu erkennen wäre). Dies kann dazu führen, dass strukturell deutlich verschiedene Verbindungen sich in ihrem Fragmentierungsverhalten u.U. kaum unterscheiden, sehr ähnlich gebaute hingegen völlig unterschiedliche Massenspektren liefern können. Hier ist der Punkt, wo Wissen und Erfahrung einsetzen, wo aber auch nach Möglichkeit Informationen aus anderen Quellen eingebracht werden müssen.

Will man die Fragmentierungsmöglichkeiten eines Moleküls abschätzen, sollte man folgende Punkte beachten:

1. Liegen Zentren bevorzugter Ladungslokalisierung vor? Wie ist ihr relatives Gewicht? Die Möglichkeit einer Abschätzung liefern die IP's von Modellverbindungen. 1-Dimethylamino-3-methoxypropan könnte in zweifacher Weise durch a-Spaltung zerfallen:

$$CH_3-O-CH_2-CH_2-CH_2-\overset{+}{N}\overset{\diagup CH_3}{\diagdown CH_3}$$

$$\longrightarrow CH_2=\overset{+}{N}\overset{\diagup CH_3}{\diagdown CH_3} + CH_3-O-CH_2-CH_2\cdot$$

$$CH_3-\overset{+\cdot}{O}-CH_2-CH_2-CH_2-N\overset{\diagup CH_3}{\diagdown CH_3}$$

$$\longrightarrow CH_3-\overset{+}{O}=CH_2 + \cdot CH_2-CH_2-N\overset{\diagup CH_3}{\diagdown CH_3}$$

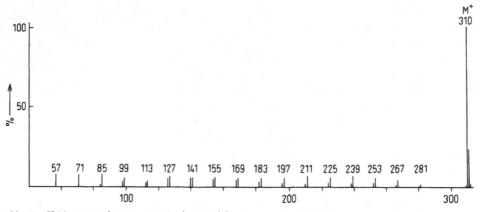

Abb. 40 EI-Massenspektrum von *n*-Dodecan (Elektronenenergie 17,5 eV).

Da $(CH_3)_3N$ ein IP von 7,8 eV, $(CH_3)_2O$ aber von 9,95 eV hat, wird die Fragmentierung bevorzugt vom N ausgehen. Je mehr Zentren vorhanden sind, die etwa in gleichem Maße miteinander konkurrieren können, desto komplizierter wird das Massenspektrum (s. Abb. 39). Den Extremfall bilden langkettige Alkane, bei denen Ionisierung und Zerfall mit praktisch gleicher Wahrscheinlichkeit an allen C,C-Bindungen stattfindet, wie Abb. 40 zeigt (das Spektrum ist unter Bedingungen aufgenommen, die weiteren Zerfall der primär gebildeten Ionen unterdrücken).

2. Sind Zerfallsreaktionen durch einfache Bindungsspaltungen bzw. durch Eliminierung stabiler Neutralteile möglich?
3. Können von einem Zentrum mehrere Zerfallsreaktionen ausgehen? Welche ist die energetisch günstigste?
4. Welches Fragment behält bevorzugt die Ladung?
5. Können verschiedene Verbindungen sehr ähnliche Massenspektren geben? Dies wird dann der Fall sein, wenn eine funktionelle Gruppe praktisch das Fragmentierungsverhalten allein bestimmt (wie in Abb. 39), sodass der Rest des Moleküls nicht in Erscheinung tritt (s. Abb. 41).

Man kann sich jedoch ein Schema zurechtlegen, nach dem man bei der Interpretation eines Spektrums vorgehen sollte. Da nur das Zusammenspiel aller Informationsquellen in sinnvoller Weise zu einem optimalen Resultat führt, sollte man vorweg alles zusammentragen, was man über die fragliche Substanz weiß (andere spektroskopische Daten; Herkunft der Substanz: z.B. Nebenprodukt einer Synthese, verwendete Reagentien; usw.). Dann überprüft man das Massenspektrum nach folgenden Punkten:

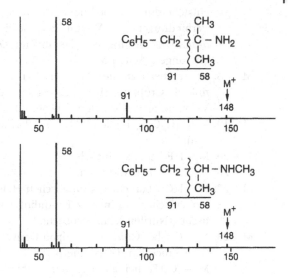

Abb. 41 EI-Massenspektren zweier isomerer β-Phenyl-ethyl-amin-Derivate. Eine Unterscheidung wäre möglich durch $CI(ND_3)$ (s. Abschnitt 2.2.2: $-NH_2 \rightarrow -ND_3^+$, $-NHCH_3 \rightarrow -ND_2CH_3^+$).

1. Inspektion der Molekülionen-Region

a) Stammt das Spektrum von einer reinen und einheitlichen Substanz (s. Abschn. 2.1.3)?

b) Ist das Signal mit der höchsten Masse das Molekülion (nach Definition in Kap. 1) (s. Abschn. 3.1)?

c) Molmasse? Elementarzusammensetzung (wenn Möglichkeit der Bestimmung gegeben) (s. Kap. 4)?

d) Ist N vorhanden (ungerade Massenzahl bei ungerader Anzahl von N-Atomen)? Lässt das Isotopenmuster von M^+ auf die Anwesenheit bestimmter Elemente schließen (s. Abschn. 5.1 und Tabelle Kap. 15)? Wie groß ist etwa die Zahl der C-Atome (s. Abschn. 5.1)?

2. Inspektion des Fragmentierungsmusters

a) $[M - X]^+$-Ionen. Manchen Aufschluss kann man aus der Abspaltung kleiner Neutralteile aus M^+ erhalten:

M – 15: (allgemein $M - C_nH_{2n+1}$) kann auf die Anwesenheit entsprechender Alkylgruppen deuten; derartige Ionen können aber auch durch Umlagerung entstanden sein (s. Abschn. 8.4, $M - C_2H_5$ aus Cyclopentylamin).

M – 16: Verlust von O bei N-Oxiden und manchen Nitroverbindungen.

M – 17: deutet auf das Vorliegen einer OH-Gruppe; wird bei Carbonsäuren, seltener bei Alkoholen beobachtet;

entsteht durch *ortho*-Effekt bei aromatischen Nitro-Verbindungen (s. Abschn. 9.7) sowie gelegentlich durch Umlagerung auch bei anderen O-haltigen Verbindungen. Selten $M - NH_3$.

M – 18: ist praktisch immer $M - H_2O$: bei Verbindungen mit OH-Gruppen, aber auch bei anderen O-haltigen-Verbindungen wie Ketonen beobachtet.

M – 19: $M - (H_2O + H)$ oder $M - F$ (Polyfluorverbindungen).

M – 20: $M - HF$ bei Alkylfluoriden.

M – 26: $M - C_2H_2$ bei Aromaten.

M – 27: $M - HCN$ bei vielen aromatischen Heterocyclen und aromatischen Aminen (z. B. Anilin); wird bei aliphatischen Nitrilen kaum beobachtet.

M – 28: $M - CO$ bei Chinonen, Tropon-Derivaten, Phenolen, O-Heterocyclen, Diarylethern usw.

$M - C_2H_4$ bei alicyclischen Verbindungen, durch *McLafferty*-Umlagerungen (s. Abschn. 8.4 und 9.1.5) usw.

$M - N_2$ wird sehr selten beobachtet.

$M - H_2CN$ als Begleiter von $M - HCN$.

M – 29: $M - C_2H_5$ (s. $M - CH_3$ oben).

$M - CHO$ besonders bei aromatischen Aldehyden, Phenolen usw. als Begleiter von $M - CO$.

$M - CH_2=NH$ ist selten.

M – 30: $M - CH_2O$ besonders bei aromatischen Methylethern, bei cyclischen Ethern.

$M - NO$ bei Nitroso- und aromatischen Nitro-Verbindungen.

$M - C_2H_6$ (2 CH_3) selten.

$M - CH_4N$ und $M - H_2N_2$ werden kaum beobachtet.

M – 31: $M - CH_3O$ wichtig bei Methylestern und -ethern.

$M - CH_2OH$ bei aliphatischen Hydroxymethyl-Verbindungen.

M – 32: $M - CH_3OH$ gelegentlich bei Methylestern und -ethern

M – 33: $M - (CH_3 + H_2O)$.

$M - SH$ bei verschiedenen S-Verbindungen.

b) Charakteristische Fragmente. Bestimmte Fragmente sind für bestimmte Verbindungstypen charakteristisch (Schlüsselbruchstücke), und ihre Kenntnis kann gelegentlich schnell zum Erfolg führen. Es sind entsprechende Tabellen zusammengestellt worden [56], von deren Aufnahme in diesen Band bewusst abgesehen wird, denn ihre sinnvolle Verwendung setzt bereits einige Vertrautheit mit der Materie voraus, sonst können sie ebensoleicht in die Irre führen wie helfen. Bedient man sich solcher Tabellen, sollte man besonders im Auge behalten, dass 1. Schlüsselbruchstücke nicht oder mit nur geringer Intensität auftreten können, auch wenn das entsprechende Strukturelement vorhanden ist, dass 2. Schlüsselbruchstücke durch Substituenten in ihrer Masse verschoben sein können (z. B. Homologe), und dass 3. besonders polyfunktionelle Verbindungen in unerwarteter Weise durch Wechselwirkung der einzelnen funktionellen Gruppen zerfallen können. Entsprechendes Literaturstudium oder eine systematische Untersuchung verwandter Verbindungen ist in solchen Fällen unerlässlich.

c) Auf die experimentellen Möglichkeiten der Ermittlung von Zerfallssequenzen durch Metastabilen-Techniken einschließlich CID (s. Abschn. 3.6) sei nur hingewiesen.

1-Trichlorphenyl-ethanol ($C_6H_2Cl_3$-CHOH-CH_3) zeigt [57] ausgehend von M^+ nacheinander Verlust von CH_3, CO(!) und HCl (der zweite Schritt verlangt die Wanderung vom 2 H-Atomen von der CHOH-Gruppe zum Ring); das Massenspektrum ist damit praktisch nicht zu unterscheiden von dem der isomeren Trichlor-methoxy-methyl-benzol (CH_3-C_6HCl_3-OCH_3), von welchen man diese Fragmente erwartet hätte (vgl. Abschn. 9.2.3 und 9.3.3).

3. Weitere Schritte

Unter Hinzuziehung – wo möglich – zusätzlicher Informationen sollte man dann Vorschläge für Partialstrukturen machen und – gegebenenfalls nach Literaturstudium – versuchen, die wichtigsten Fragmente vorauszusagen, die die vorgeschlagenen Strukturen liefern sollten, und diese Vorschläge mit dem gemessenen Spektrum vergleichen. Man kann auch versuchen, in der Literatur oder in Spektrensammlungen das Spektrum der vorgeschlagenen bzw. von verwandten Verbindungen zu finden oder auch Spektren von Vergleichssubstanzen selbst messen, wobei das in den vorausgehenden Kapiteln über die verschiedenen Faktoren, die das Aussehen eines Massenspektrums beeinflussen, Gesagte zu beachten ist.

Zum Abschluss dieses Abschnitts eine Mahnung zu gesunder Kritik: Wenn man einen Fragmentierungsmechanismus in der Literatur findet, sollte man sich immer fragen, woher weiß der Autor, dass der Zerfall gerade so erfolgt? Sind Umlagerungen durch Isotopenmarkierungen nachgewiesen worden? Welche Modelle und Analogieschlüsse sind herangezogen worden? Waren diese gerechtfertigt? Welche energetischen Überlegungen wurden angestellt? Wurde die Literatur richtig zitiert. Nochmals sei auf die möglichen Fehlschlüsse hingewiesen, die aus Strukturvorschlägen eines Datensystems basierend auf einem Spektrenvergleich mit einer Referenzsammlung resultieren können.

9
Besprechung einzelner organischer Verbindungsklassen

In diesem Abschnitt werden die charakteristischen Fragmentierungsreaktionen nach Elektronenstoßionisation einiger wichtiger Verbindungsklassen kurz diskutiert, wobei die Ausführungen weitgehend auf monofunktionelle Verbindungen beschränkt bleiben. Zerfallswege, die nur für bestimmte spezielle Verbindungen typisch sind und keine allgemeine Gültigkeit haben, sind nicht aufgenommen, ebenso Reaktionen, die nicht zum Erkennen des Strukturtyps oder zur Strukturermittlung notwendig sind. Zu beachten ist auch, dass häufig die ersten Glieder homologer Reihen insofern atypische Spektren liefern, als für viele der im Folgenden beschriebenen „typischen" Zerfallsprozesse das Vorliegen einer Alkylkette mit einer Mindestlänge Voraussetzung ist.

9.1
Kohlenwasserstoffe

9.1.1
Alkane

Das für unverzweigte Alkane typische Massenspektrum unter normalen Aufnahmebedingungen ist aus Abb. 42 ersichtlich (vgl. Abb. 40). Die $C_nH_{2n+1}^+$-Ionen, die als wichtigste Fragmente entstehen, durchlaufen bei $C_3 - C_4$ ein Intensitätsmaximum und nehmen dann mit steigender C-Zahl stetig an Intensität ab, da die primär gebildeten Alkylionen durch Verlust von C_nH_{2n}-Teilchen z.T. in kleinere Alkylionen weiter zerfallen. Verzweigungsstellen sind daran zu erkennen, dass die durch Spaltung an diesen Stellen entstandenen Ionen größere Intensität aufweisen als ihre homologen Nachbarn (Ionenstabilität!) (s. Abb. 43). Bei mehreren Verzweigungsstellen kann das Spektrum jedoch wieder unübersichtlich werden.

Massenspektrometrie, Fünfte Auflage. H. Budzikiewicz, M. Schäfer
Copyright © 2005 WILEY-VCH Verlag GmbH & Co. KGaA, Weinheim
ISBN: 3-527-30822-9

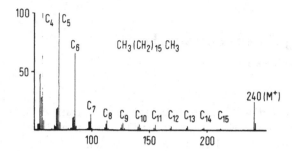

$$M-R^1 \quad M-R^3$$

$$R^1 \overbrace{}^{} CH \overbrace{}^{} R^3 \mid M-R^2$$

$$R^2$$

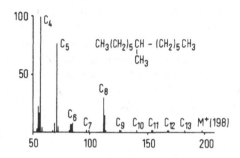

Abb. 42 Massenspektrum von *n*-Heptadecan (70 eV; vgl. Abb. 40).

Abb. 43 Massenspektrum von 7-Methyltridecan.

9.1.2
Alkene

Die Spektren unverzweigter Alkene ähneln im Typus denen der Alkane, nur überwiegen, besonders im oberen Massenbereich, Alkenylionen ($C_nH_{2n-1}^+$). Eine Lokalisierung der Doppelbindung aufgrund einer bevorzugten Allylspaltung ist i.a. nicht möglich, da die Molekülionen durch H- und Alkylumlagerungen schnell isomerisieren (nur tri- und tetrasubstituierte Doppelbindungen wandern nicht). Zur Bestimmung der Lage von Doppelbindungen sind eine Reihe von Verfahren vorgeschlagen worden, die auf chemischen Umwandlungen beruhen, wie z. B.

$$R-CH=CH-R' \rightarrow R-CHSCH_3-CHSCH_3-R',$$

wobei Fragmentierung in der Nachbarschaft der neu eingeführten Substituenten auf die Lage der ursprünglichen Doppelbindung schließen lässt [58]. Versuche, die Derivatisierung durch CI in die Ionenquelle zu verlegen, wie z. B.

$$R–CH=CH–R' + NO^+ \rightarrow R–CHNO–C^+H–R'$$

hat zu einigen Erfolgen geführt. S. auch „*remote charge controlled fragmentation*" (Abschn. 3.6).

9.1.3
Alkine

Alkine geben kaum einfach interpretierbare Spektren. Lokalisierung der Dreifachbindung ist durch Überführen in die entsprechenden Ketone durch Anlagerung von H_2O (vgl. Abschn. 9.1.2) möglich:

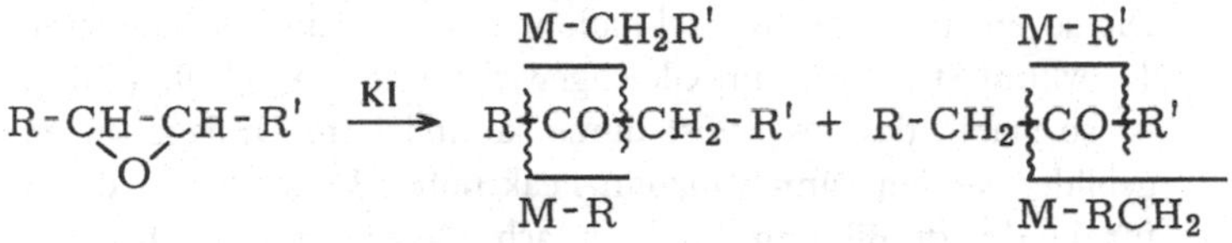

$$R-CH-CH-R' \xrightarrow{\text{KI}} R \{ CO \} CH_2-R' + R-CH_2 \{ CO \} R'$$

M-CH₂R' M-R'

M-R M-RCH₂

9.1.4
Alicyclen

Cycloalkane liefern Massenspektren, die denen der Alkene sehr ähnlich sind. Infolge zahlreicher Umlagerungsreaktionen sind die Spektren cyclischer Kohlenwasserstoffe meist nicht ohne weiteres zu interpretieren (vgl. Abb. 39). Die einzige typische Reaktion ist *Retro-Diels-Alder*-Zerfall (RDA) von Cyclohexenderivaten [59] (s. Abschn. 8.4).

9.1.5
Aromatische Kohlenwasserstoffe

Die Massenspektren aromatischer Kohlenwasserstoffe sind i. a. charakterisiert durch intensive Molekülionen, weniger Fragmente als bei Aliphaten sowie verstärktes Auftreten von doppelt geladenen Ionen. Mehrere Fragmentierungsreaktionen sind typisch:
1. Bei Alkylbenzolen-Spaltung der benzylisch aktivierten Bindung (Abb. 44):

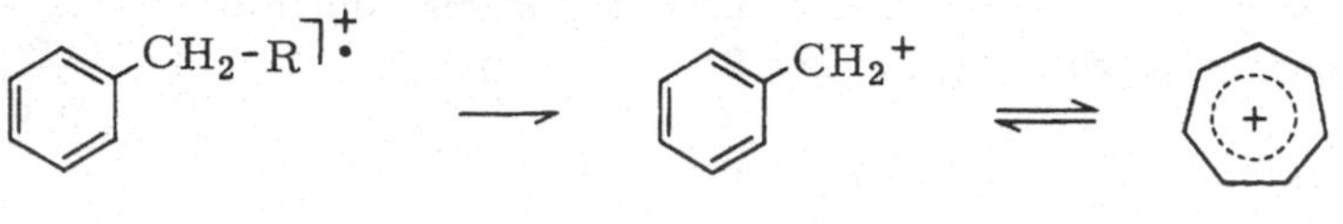

$$\left[\text{C}_6\text{H}_5-\text{CH}_2-\text{R}\right]^{+\bullet} \longrightarrow \text{C}_6\text{H}_5-\text{CH}_2^+ \rightleftharpoons \text{(Tropylium)}^+$$

e   *m/z* 91   **f**

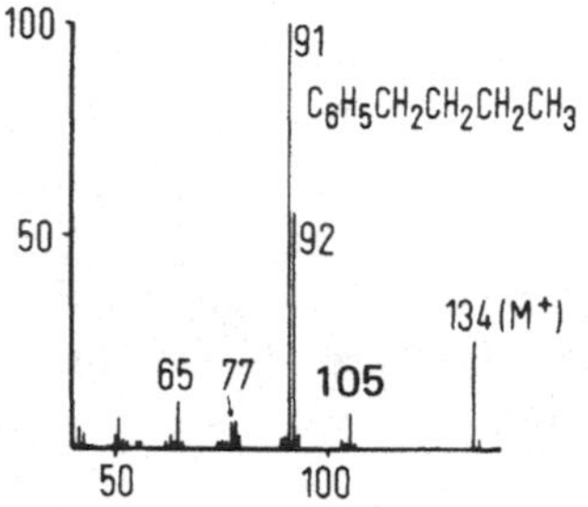

Abb. 44 Massenspektrum von *n*-Butylbenzol.

Die so entstehenden Benzyl-Kationen stehen mit den isomeren Tropylium-Strukturen im Gleichgewicht. Das Ion *m/z* 91 (C_7H_7^+) ist so stabil, dass es selbst durch komplizierte Umlagerungen gebildet werden kann. Nur ein Peak hoher Intensität ist daher für die direkte Bildung durch einfache Benzylspaltung charakteristisch. Ionen, die durch Spaltung der weiter vom Benzolring entfernten Bindungen entstanden sind (*m/z* 105, 119, 133 ...), treten mit abnehmender Intensität auf.

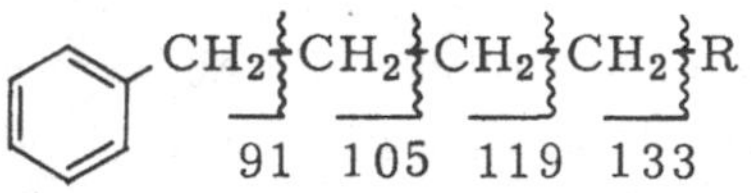

$$\text{C}_6\text{H}_5-\text{CH}_2\text{\textbrokenbar}\text{CH}_2\text{\textbrokenbar}\text{CH}_2\text{\textbrokenbar}\text{CH}_2\text{\textbrokenbar}\text{R}$$
$$\quad\quad 91 \quad 105 \quad 119 \quad 133$$

Sind mehrere Alkylseitenketten vorhanden, so werden die durch konkurrierende Benzylspaltungen gebildeten Ionen nebeneinander beobachtet. Solche Spektren sind jedoch insofern nicht einfach zu interpretieren, als die primär gebildeten Ionen durch Alkenabspaltung weiter zerfallen können, so dass eine Serie homologer Ionen der Masse 91 + 14*n* gebildet werden (Abb. 45). Bzgl. eines Interpretationsschemas s. [60].

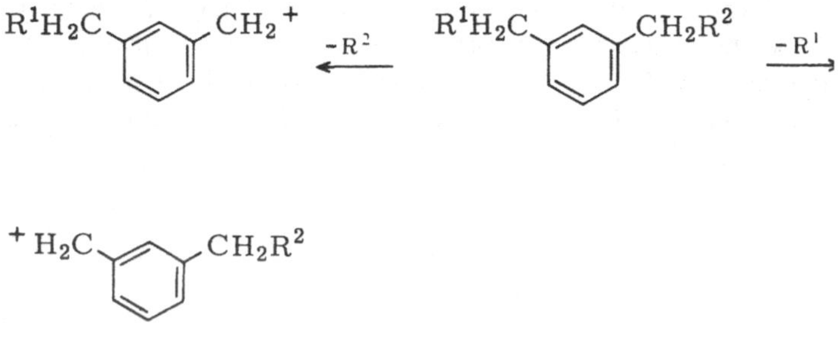

$$\text{R}^1\text{H}_2\text{C}-\text{C}_6\text{H}_4-\text{CH}_2^+ \xleftarrow{-\text{R}^2} \text{R}^1\text{H}_2\text{C}-\text{C}_6\text{H}_4-\text{CH}_2\text{R}^2 \xrightarrow{-\text{R}^1}$$

$$^+\text{H}_2\text{C}-\text{C}_6\text{H}_4-\text{CH}_2\text{R}^2$$

2. Alkylbenzole (und generell Alkylaromaten) mit einer Seitenkette von mindestens drei C-Atomen eliminieren aus dem Molekül-ion ein Alken-Molekül. Diese Reaktion wird gewöhnlich als *McLafferty*-Umlagerung (vgl. Abschn. 8.4) formuliert, obwohl das H-Atom nicht nur aus der γ-Position übertragen wird. Sie gewinnt mit zunehmender Kettenlänge an Bedeutung und konkurriert mit der Benzylspaltung. Weitere Substituenten am Benzolring können das Verhältnis der beiden Reaktionen zueinander stark beeinflussen [61] (s. Abschn. 9.2.3).

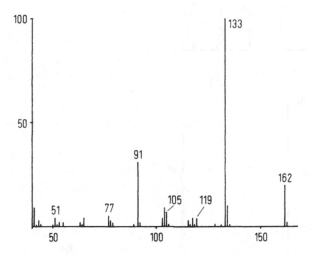

3. Aromaten, die nicht durch die unter 1. und 2. genannten (oder andere spezifische) Reaktionen einfach fragmentieren können, spalten H_2 und C_2H_2 ab. Dies wird besonders bei kondensierten Aromaten beobachtet (s. Abb. 2, Kap. 1).

Abb. 45 Massenspektrum von *p*-Di-*n*-propylbenzol.

■ *Aufgaben*

Aufgabe 13:

Durch drastische Hydrierung des Antibiotikums Filipin ist ein Kohlenwasserstoff der Summenformel $C_{35}H_{72}$ erhalten worden, dessen NMR-Spektrum 2 CH_3-Gruppen, die an CH_2, und 2 CH_3-Gruppen, die an CH gebunden sind, erkennen lässt. Im Massenspektrum zeichnen sich die Ionen *m/z* 113, 197, 323 und 407 durch erhöhte Intensität aus. Welche Struktur kommt dem Kohlenwasserstoff zu?

Aufgabe 14:

Ein aus Pflanzenmaterial isolierter Kohlenwasserstoff, der in der Literatur als $C_{30}H_{62}$ beschrieben ist, zeigt im oberen Massenbereich das in Abb. 46 wiedergegebene Spektrum. Welche Schlüsse kann man daraus ziehen?

Aufgabe 15:

Abb. 47 zeigt das Spektrum eines Alkylbenzols. Was kann man über seine Struktur aussagen?

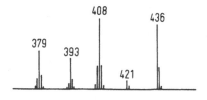

Abb. 46 Massenspektrum eines Kohlenwasserstoffs (Aufgabe 14).

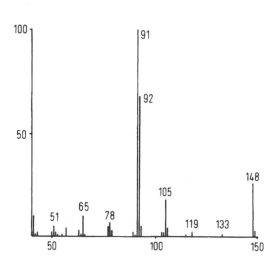

Abb. 47 Massenspektrum eines Alkylbenzols (Aufgabe 15).

**9.2
Hydroxyverbindungen**

Vorbemerkung: Bezüglich des Nachweises aaustauschbarer H-Atome s. Abschn. 2.2.2 (CI mit NH_4^+ und ND_4^+).

**9.2.1
Aliphatische Alkohole**

Die Massenspektren von CH_3OH und C_2H_5OH sind unter den Spektren wichtiger Lösungsmittel (Kap. 18) abgebildet.

Bei aliphatischen Alkoholen ist $M^{+\bullet}$ gewöhnlich von geringer Intensität oder fehlt praktisch, meist jedoch kann man $[M - H_2O]^{+\bullet}$ (M – 18) gut erkennen. Der Verlust von H_2O, der von $M^{+\bullet}$ ausgeht (wie durch D-Markierung gezeigt werden konnte, handelt es sich bei längerkettigen Alkoholen überwiegend um 1,3- und 1,4-Eliminierung) ist bei thermisch labilen Alkoholen häufig von H_2O-Abspaltung vor der Ionisierung begleitet. Bei längerkettigen primären Alkoholen findet man neben $[M - H_2O]^{+\bullet}$ auch ein Ion, das durch Abspaltung von $H_2O + C_2H_4$ (M – 46) entstanden ist (s. Abb. 48).

Bei längerkettigen Alkoholen wird das Spektrum von Kohlenwasserstofffragmenten, die für Alkene typisch sind (s. Abschn. 9.1.2) beherrscht. Daneben findet man jedoch immer die durch a-Spaltung entstandenen Fragmente der Zusammensetzung $C_nH_{2n+1}O$ (m/z 31, 45, 59,...), d.h., bei primären Alkoholen m/z 31, das intensiver sein muss als m/z 45, 59 usw., die zusätzlich auftreten können), bei sekundären und tertiären Alkoholen die durch R-Abspaltung entstandenen Fragmente, die die Lokalisierung der OH-Gruppe erlauben, meist begleitet von Ionen,

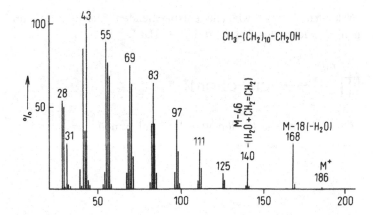

Abb. 48 Massenspektrum von *n*-Dodecanol.

welche durch weiteren H_2O-Verlust gebildet werden ($[M - {}^\bullet R]^+$, $[M - {}^\bullet R - H_2O]^+$, $[M - {}^\bullet R']^+$, $[M - {}^\bullet R' - H_2O]^+$). Diese typischen Ionen sind selbst bei Alkoholen mit mehreren OH-Gruppen noch gut zu erkennen.

$$R{-}CH_2{-}\overset{+}{O}H \longrightarrow R^\bullet + CH_2{=}\overset{+}{O}H$$

$$\mathbf{h}, m/z\ 31$$

$$\overset{\displaystyle M{-}R^2}{\overline{}}$$
$$R^1\{CHOH\}R^2$$
$$\underset{\displaystyle M{-}R^1}{\underline{}}$$

Um besser flüchtige Derivate von Alkoholen zu erhalten, kann man sie in ihre Trimethylsilylether (schwache $M^{+\bullet}$, aber sehr intensive $[M - {}^\bullet CH_3]^+$-Ionen) überführen; für 1,2- und 1,3-Diole sind auch die davon abgeleiteten Acetonide von Interesse (praktisch kein $M^{+\bullet}$, intensives $[M - {}^\bullet CH_3]^+$-Ion), die zu charakteristischen Fragmentionen $[M - {}^\bullet R]^+$ und $[M - {}^\bullet R']^+$ führen.

$$\overset{\displaystyle M{-}R \quad M{-}R'}{\overbrace{}}$$
$$R\{CH{-\!-\!-\!-}CH\}R'$$
$$\underset{\displaystyle O \qquad O}{\big|\qquad\big|}$$
$$\overset{\diagdown\diagup}{}$$
$$CH_3 \quad CH_3$$

9.2.2
Cycloalkanole

Cyclobutanol zeigt, wie alle entsprechenden Vierringverbindungen, als wichtigstes Fragment $[M - C_2H_4]^{+\bullet}$:

$$\longrightarrow [CH_2{=}CHOH]^{+\bullet}$$

Höhere Homologe (Cyclopentanol, Cyclohexanol) zerfallen wie in Abschn. 8.4 ausgeführt, unter H-Umlagerung (s. Abb. 49):

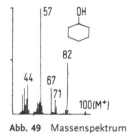

Abb. 49 Massenspektrum von Cyclohexanol.

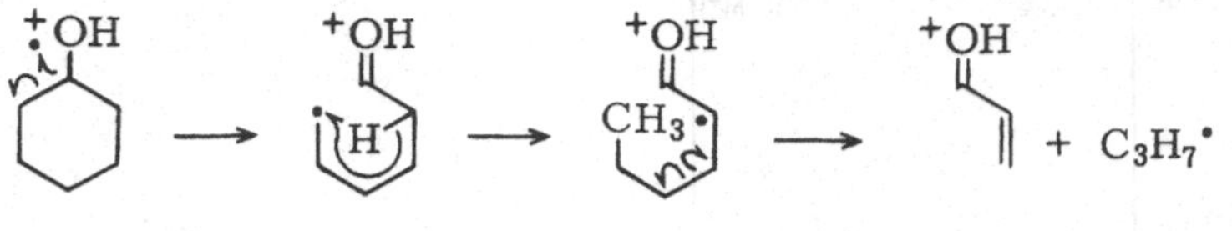

$$\overset{+\,\cdot OH}{\bigcirc} \longrightarrow \overset{+OH}{[\,H\,]} \longrightarrow CH_3 \cdot \longrightarrow \overset{+OH}{\big\|} + C_3H_7{}^{\bullet}$$

m/z 57

Bei substituierten Cycloalkanolen können entsprechend zwei Fragmente auftreten, die eine teilweise Lokalisierung des Substituenten erlauben.

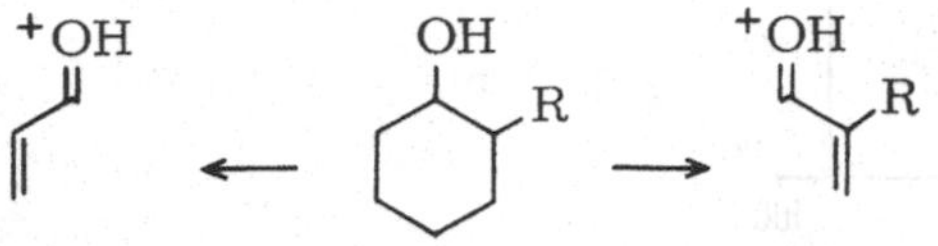

$$\overset{+OH}{\big\|} \longleftarrow \overset{OH}{\bigcirc\!\!-\!R} \longrightarrow \overset{+OH}{\big\|\!\!-\!R}$$

$[M - H_2O]^{+\bullet}$ wird stets beobachtet, daneben eine Reihe unspezifischer Kohlenwasserstofffragmente, die mit zunehmender Ringgröße an Bedeutung gewinnen. Ebenso wird der Einfluss der OH-Gruppe auf das Fragmentierungsverhalten polycyclischer Hydroxyverbindungen immer geringer, so dass letztlich als Charakteristikum nur mehr $[M - H_2O]^{+\bullet}$ verbleibt (vgl. aber Abschn. 8.5).

9.2.3
Phenole und Benzylalkohole

Phenol, die Naphthole usw. bilden als wichtigste Fragmente $[M - CO]^{+\bullet}$ und $[M - {}^{\bullet}CHO]^{+}$ (s. Abb. 50):

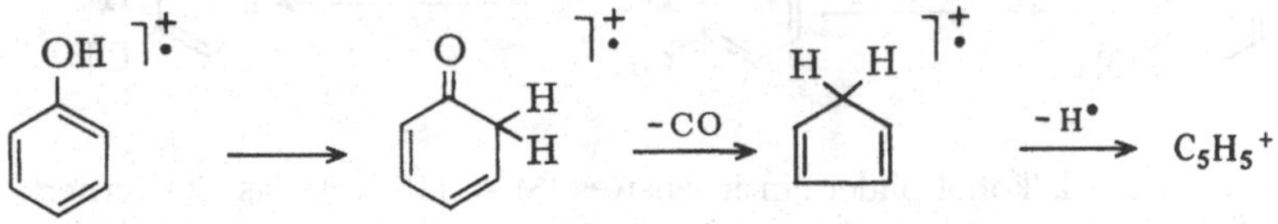

$$\overset{OH}{\bigcirc}{}^{\rceil\,+\,\bullet} \longrightarrow \overset{O}{\bigcirc}{}_{H}^{H}{}^{\rceil\,+\,\bullet} \overset{-CO}{\longrightarrow} \overset{H\;\;H}{\bigcirc}{}^{\rceil\,+\,\bullet} \overset{-H^{\bullet}}{\longrightarrow} C_5H_5{}^{+}$$

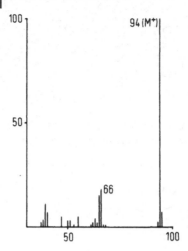

Abb. 50 Massenspektrum von Phenol.

Die Methylphenole weisen ein bedeutendes [M − •H]⁺-Ion auf, bei höheren Alkylphenolen dominiert Benzylspaltung und − sofern möglich − Alkeneliminierung durch *McLafferty*-Umlagerung (s. Abschn. 9.1.5). Die so gebildeten Ionen können dann noch CO verlieren. Bei *o*- und *p*-Alkylphenolen ist die Benzylspaltung stark bevorzugt (Mesomeriestabilisierung des Bruchstückions durch die freien Elektronenpaare des Sauerstoffs). Die Spektren von Polyalkyl- (besonders Polymethyl-) Phenolen können unübersichtlich und daher nicht einfach zu interpretieren sein.

Benzylalkohol bildet ein intensives [M − •H]⁺-Ion, das CO verliert. Ebenso spaltet 1-Phenyl-ethanol •CH₃ und anschließend CO ab. Bei Benzylalkoholen, welche im Ring eine Alkylgruppe tragen, konkurriert mit dem eben beschriebenen Prozess Benzylspaltung und − wenn möglich − *McLafferty*-Umlagerung der Alkylkette. Befindet sich die Alkylgruppe in *o*-Stellung zur CH₂OH-Gruppe, so tritt durch einen „*ortho*-Effekt" H₂O-Abspaltung auf (Basispeak).

Solche „*ortho-Effekte*" wird man immer dann beobachten, wenn ein Substituent ein H-Atom trägt (-CH$_2$R, -OH, -NH$_2$ usw.), und so mit einer benzylischen Gruppe am benachbarten Substituenten als stabiles Teilchen (H$_2$O usw.) abgespalten werden kann. Auf diese Weise ist eine Unterscheidung der o- von den m-/p-Isomeren möglich.

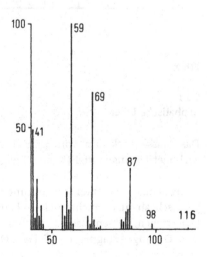

X: CH$_2$, CO; Y: OH, OR, NH$_2$, SH, SR
Z-H: CH$_3$, C$_2$H$_5$ usw., OH, SH, NH$_2$

Es werden auch andere Wechselwirkungen benachbarter Substituenten als „*ortho*-Effekte" im weiteren Sinn bezeichnet [62].

■ **Aufgaben**

Aufgabe 16:
Abb. 51 zeigt das Massenspektrum eines sekundären Alkohols. Was lässt sich über die Struktur aussagen?

Aufgabe 17:
Abb. 52 zeigt das Massenspektrum eines Methylcyclohexanols. Was lässt sich über die Struktur aussagen?

Aufgabe 18:
Abb. 53 zeigt das Massenspektrum eines Alkylphenols. Was lässt sich über die Struktur aussagen?

Abb. 51 Massenspektrum eines sekundären Alkohols (Aufgabe 16).

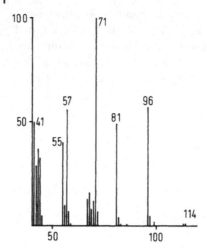

Abb. 52 Massenspektrum eines Methylcyclohexanols (Aufgabe 17).

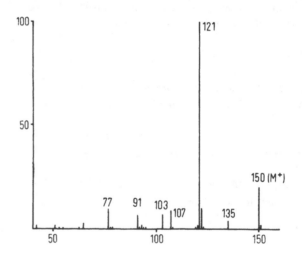

Abb. 53 Massenspektrum eines Alkylphenols (Aufgabe 18).

9.3
Ether

9.3.1
Aliphatische Ether

Das Massenspektrum von Diethylether ist unter den Spektren wichtiger Lösungsmittel (Kap. 18) abgebildet.

Nur die niedrigen Glieder der Dialkylether zeigen ein intensives Molekülion; seine Intensität nimmt mit zunehmender Kettenlänge rasch ab (u. U. nicht mehr erkennbar). Das Massenspektrum beherrschen Kohlenwasserstoff- (bes. $C_nH_{2n+1}^+$, m/z 29, 43, 57,...) und O-haltige Fragmente ($C_nH_{2n+1}O^+$, m/z 31, 45, 59,...). Die

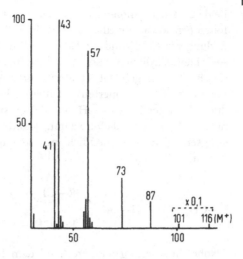

Abb. 54 Massenspektrum von *n*-Butyl-*n*-propylether.

wichtigsten Fragmentierungsreaktionen sind (s. Abb. 54, *n*-Butyl-*n*-propylether):

1. *a*-Spaltung (bei unsymmetrischen Ethern zwei konkurrierende Prozesse, *m/z* 73 und 87 in Abb. 54):

$$R\overset{\curvearrowleft}{-}CH_2\overset{\cdot+}{-}\overset{+}{O}-CH_2-R' \longrightarrow CH_2=\overset{+}{O}-CH_2-R' + R^{\bullet}$$

$$\longrightarrow R-CH_2-\overset{+}{O}=CH_2 + R'^{\bullet}$$

2. Weiterer Zerfall der so gebildeten Ionen durch Alken-Eliminierung, und zwar

   a) durch die sog. „*onium*"-Reaktion

$$R-CH_2-\overset{+}{O}=CH_2 \longrightarrow H\overset{+}{O}=CH_2 \longleftarrow CH_2=\overset{+}{O}-CH_2-R'$$

$$m/z\ 31$$

Die Bezeichnung ist abgeleitet von Oxonium-Ion und läuft analog bei Thionium- und Ammonium-Ionen ab (s. die folgenden Abschnitte).

   b) Wenn R bzw. R' wenigstens C_2H_5 ist, kann Zerfall durch *McLafferty*-Umlagerung erfolgen:

$$\overset{H}{\underset{+O\overset{CH_2}{\underset{CH_2}{\parallel}}}{\overset{CH_2}{\underset{CH_2}{\diagup\diagdown}}}CHR'' \rightarrow CH_3-\overset{+}{O}=CH_2 + CH_2=CHR''$$

$$m/z\ 45$$

Beide Zerfallsreaktionen führen bei Ethern zu wenig intensiven Ionen (vgl. auch Thioether und Amine).

3. Bildung von RCH_2^+ und $R'CH_2^+$ (m/z 43 und 57 in Abb. 54). Diese beiden Alkylionen werden nicht durch direkte Spaltung der C,O-Bindungen gebildet, sondern durch Verlust von H_2O aus Vorläufern, die protonierten Alkoholmolekülen entsprechen und durch Umlagerung von 2 H aus $M^{+\bullet}$ entstanden sind (diese Ionen sind in den 70-eV-Spektren kaum, bei niedrigen Anregungsenergien aber deutlich zu sehen). Vgl. hierzu auch Abschn. 9.9 (Ester).

$$R{-}CH_2{-}O{-}CH_2{-}R' \quad \begin{array}{l} \nearrow \quad R{-}CH_2{-}OH_2^+ \rightarrow R{-}CH_2^+ + H_2O \\ \\ \searrow \quad R'{-}CH_2{-}OH_2^+ \rightarrow R'{-}CH_2^+ + H_2O \end{array}$$

4. Alkoholeliminierung (entsprechend dem H_2O-Verlust bei Alkoholen) führt zu $C_nH_{2n}^+$-Ionen von geringer bis mittlerer Intensität (m/z 42 und 56 in Abb. 54).

9.3.2
Cyclische Ether

Die unsubstituierten Verbindungen Oxacyclobutan, Tetrahydrofuran und Tetrahydropyran sind charakterisiert durch $[M{-}^{\bullet}H]^+$-Ionen und Verlust von CH_2O. Derivate, die in 2-Stellung einen Substituenten tragen, verlieren diesen durch α-Spaltung. Die Spektren höher substituierter Vertreter können jedoch kompliziert und unübersichtlich werden.

Das Fragmentierungsverhalten von Epoxiden ist ziemlich komplex, da α-Spaltung nur von sekundärer Bedeutung ist. Es muss daher hier auf ausführlichere Arbeiten [63] verwiesen werden.

Eine wichtige Klasse cyclischer Ether sind die Ethylenketale, die leicht aus Ketonen erhalten werden können. Ihre charakteristischen Fragmente entstehen durch α-Spaltung. Sie sind immer dort von Bedeutung, wo der Einfluss einer Ketogruppe auf das Fragmentierungsverhalten nicht mehr klar zu erkennen ist, da Bruchstückbildung von der Ethylenketal-Gruppierung in viel stärkerem Maße als von einer Oxogruppe induziert wird (s. Abschn. 10.3).

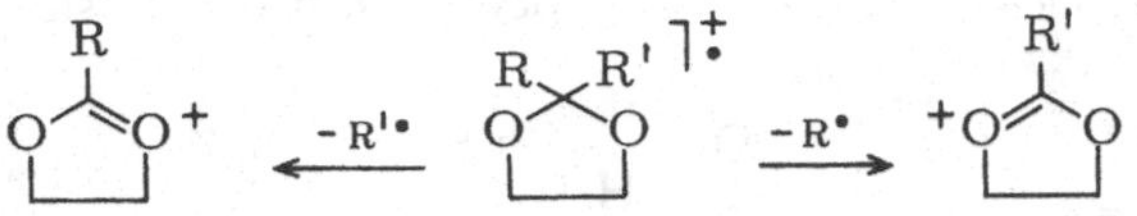

9.3.3
Aromatische Ether

Methyl-phenyl-ether (Anisol) zeigt Verlust von $^\bullet CH_3$ gefolgt von CO, daneben Abspaltung von CH_2O und $CH_3O^\bullet$:

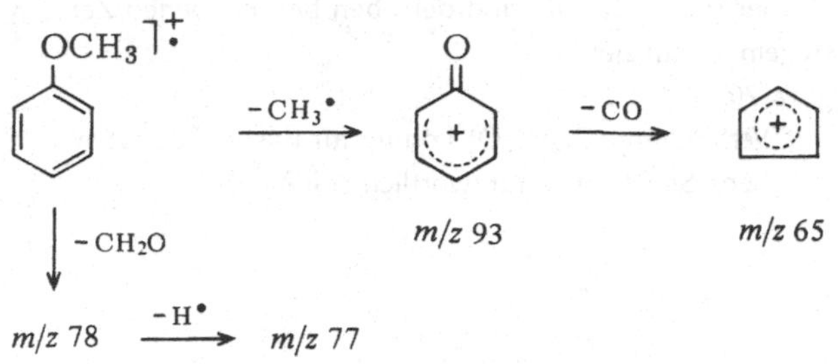

Sind im Anisol-Molekül noch Ring-Alkyl-Gruppen vorhanden, so tritt die übliche Alkylkettenfragmentierung (s. Abschn. 9.1.5 und 9.2.3) auf, gefolgt von Eliminierung von CH_2O:

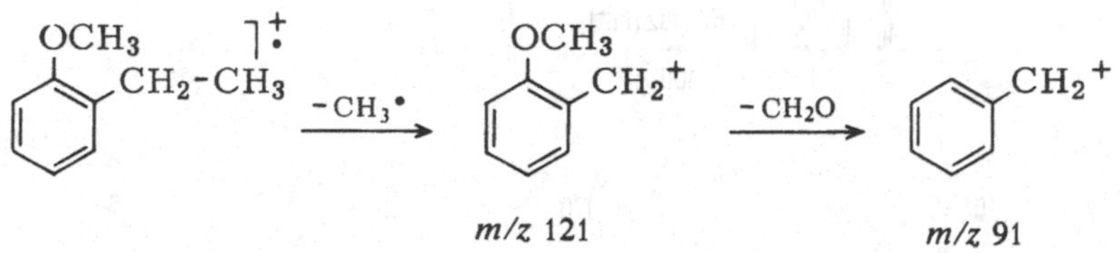

Höhere Alkyl-phenyl-ether eliminieren die Alkylkette in Form eines Alkens, wobei sowohl Ausbildung des Phenolkations als auch seiner Ketoform (durch *McLafferty*-Umlagerung) zu erfolgen scheint:

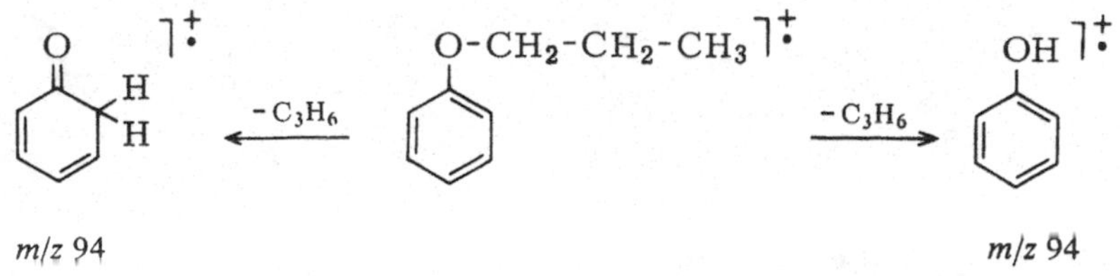

Diphenylether weist als wichtigste Fragmente $[M - {}^\bullet H]^+$, $[M - CO]^{+\bullet}$ und $[M - {}^\bullet CHO]^+$ auf, die wahrscheinlich aus dem durch Phenylwanderung gebildeten isomeren 2-Phenylcyclohexadienon entstehen:

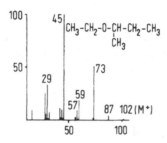

■ Aufgaben

Aufgabe 19:
Welche Ionen lassen sich im Massenspektrum von s-Butyl-ethyl-ether (Abb. 55) aufgrund der oben beschriebenen Zerfallsregeln identifizieren?

Aufgabe 20:
Welche Verbindung ($C_{12}H_{10}O$) könnte für das in Abb. 56 wiedergegebene Spektrum verantwortlich sein?

Abb. 55 Massenspektrum von s-Butyl-ethyl-ether (Aufgabe 19).

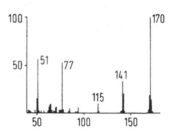

Abb. 56 Massenspektrum eines Ethers (Aufgabe 20).

9.4
Thiole und Thioether

Aliphatische Thiole verhalten sich wie die entsprechenden Alkohole (die m/z-Werte beziehen sich auf Abb. 57): $[M - H_2S]^{+\bullet}$ (m/z 168), $[M - H_2S - C_2H_4]^{+\bullet}$ (m/z 140), $CH_2=SH^+$ (m/z 47). Thiophenol verliert CS, $^\bullet$CSH und – wegen der gegenüber einer C,O- leichteren Spaltung eines C,S-Bindung – $^\bullet$SH.

Das Verhalten aliphatischer Thioether entspricht nur zum Teil dem der entsprechenden Ether (m/z-Werte für Di-n-hexylsulfid, Abb. 58): Das α-Spaltion m/z 131 zerfällt weiter zu $CH_2=SH^+$ („onium"-Reaktion, m/z 47) und $CH_2=S^+$-CH_3 (m/z 61). Von hoher Intensität ist $[M - C_6H_{13}SH]^{+\bullet}$ (m/z 84). C_6H_{13} (m/z 85) ist ohne Bedeutung, dafür findet man $C_6H_{13}S^+$ (m/z 117): Wegen der besseren Ladungsstabilisierung ist bei Heteroatomen höherer Perioden die C, X-Spaltung gegenüber der α-Spaltung bevorzugt (vgl. Abschn. 9.6.1 – Halogenverbindungen).

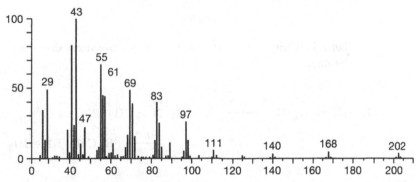

Abb. 57 Massenspektrum von n-Dodecanthiol.

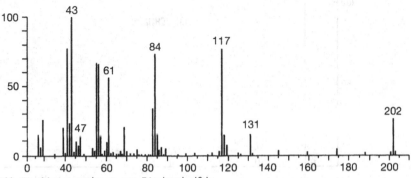

Abb. 58 Massenspektrum von Di-n-hexylsulfid.

9.5
Amine

Vorbemerkungen: 1.Verbindungen mit ungerader N-Zahl haben ungerade Molmasse. 2. NH_2- und NH-Gruppen können durch H/D-Austausch nachgewiesen werden (Abschn. 2.2.2).

9.5.1
Aliphatische Amine

Das Fragmentierungsverhalten entspricht dem der aliphatischen Ether, nur macht sich die erhöhte Fähigkeit von N gegenüber O zur Stabilisierung der positiven Ladung bemerkbar, was zu einer geringeren Intensität von Kohlenwasserstoffionen führt. Wichtige Zerfallsreaktionen sind:
1. *α*-Spaltung. Sie führt bei primären Aminen zu *m/z* 30 (Abb. 59),

$$R-CH_2-\overset{+}{N}H_2 \longrightarrow CH_2=\overset{+}{N}H_2 + R^\bullet$$

$$m/z\ 30$$

bei sekundären und tertiären Aminen zu zwei bzw. drei Tochterionen:

$$CH_2=\overset{+}{N}H-CH_2-R' \xleftarrow{-R^\bullet} R-CH_2-\overset{+\bullet}{N}H-CH_2-R'$$

$$\xrightarrow{-R'^\bullet} R-CH_2-\overset{+}{N}H=CH_2$$

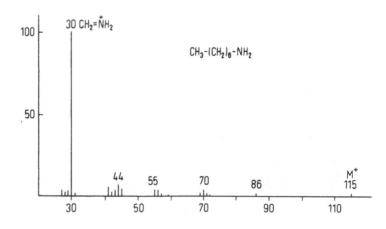

Abb. 59 Massenspektrum von *n*-Heptylamin.

2. Bei sekundären und tertiären Aminen zerfallen die α-Spaltprodukte durch Alkeneliminierung weiter, wenn die verbleibende Alkylgruppe größer als CH_3 ist (s. Abb. 60), und zwar
a) durch „*onium*"-Reaktion

$$R-CH_2-\overset{+}{N}H{=}CH_2 \longrightarrow H_2\overset{+}{N}{=}CH_2 \longleftarrow CH_2{=}\overset{+}{N}HCH_2R'$$

m/z 30

! Achtung *$CH_2{=}NH_2^+$ kann somit auch bei sekundären Aminen auftreten, aber nur in Verbindung mit anderen α-Spaltprodukten (nicht für sich allein wie in Abb. 59).*

b) durch *McLafferty*-Umlagerung, wenn die verbleibende Alkylkette lang genug ist (s. Abschn. 9.1.5).

$$\underset{H^{\diagdown}\underset{\overset{|}{C}H_2}{N}{\diagup}CH_2}{H_2C\overset{H}{\diagdown}CHR} \longrightarrow \underset{H^{\diagdown}\overset{+}{N}{\diagdown}CH_2}{\overset{CH_3}{\underset{|}{N}}} + \underset{CH_2}{\overset{CHR}{\parallel}}$$

m/z 44

Ob a) oder b) zu intensiveren Ionen führt, hängt von der Struktur des Amins ab.
3. *β*-Spaltung (immer von geringerer Intensität als die α-Spaltung). Dem entstandenen Ion wird häufig eine Aziridinium-Struktur

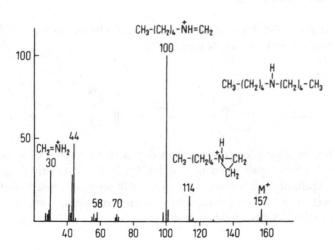

Abb. 60 Massenspektrum von Di-*n*-pentylamin.

zugeschrieben (*m/z* 114 in Abb. 60), es könnte sich aber auch um die in Abschn. 8.2 beschriebene Umlagerung handeln.

9.5.2
Cycloalkylamine

Diese Verbindungen zerfallen wie Cycloalkanole (s. Abschn. 9.2.2):

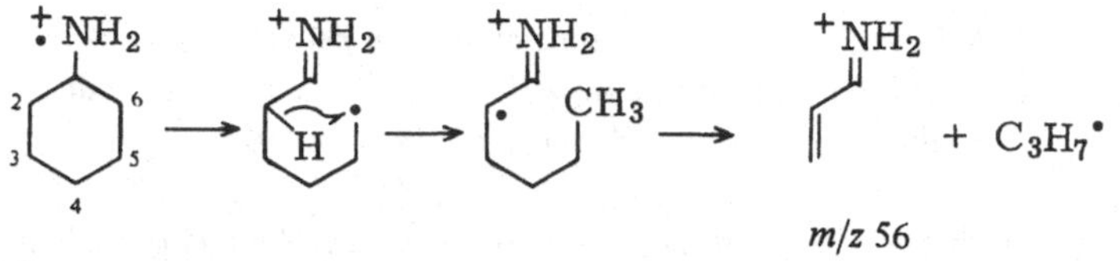

$$m/z\ 56$$

Anwesenheit von Substituenten sowohl an N als auch an C-2, C-3, C-5 und C-6 macht sich durch entsprechende Massenverschiebung bemerkbar. Höhere Alkylsubstituenten an N führen überdies noch zu konkurrierender α-Spaltung.

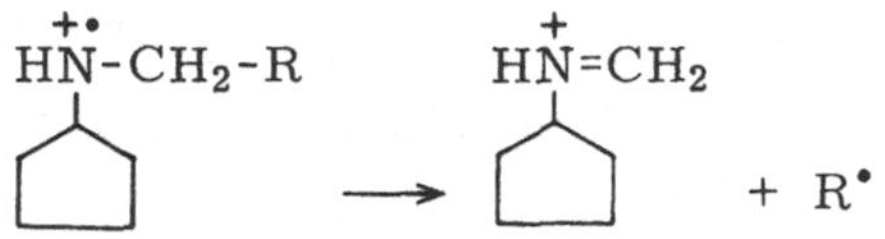

9.5.3
Aromatische Amine

Anilin selbst fragmentiert in einer zu Phenol analogen Weise durch Verlust von HCN und H_2CN:

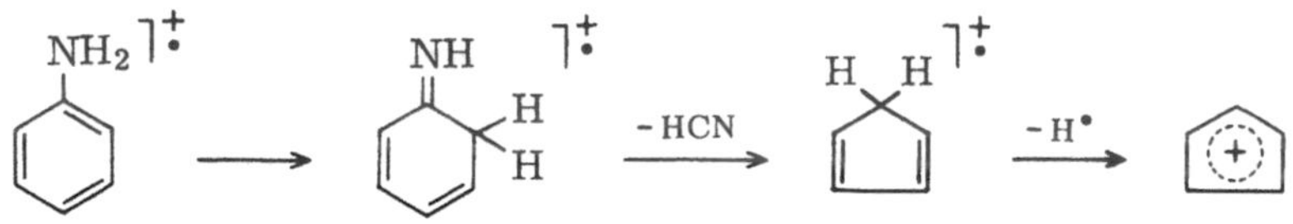

Bei im Ring alkylsubstituiertem Anilin dominieren die typischen Seitenkettenspaltungen (s. Abschn. 9.1.5). N-Alkyl-Derivate geben α-Spaltung und – falls eine zweite Alkylgruppe größer als CH_3 vorhanden ist – anschließend Alkeneliminierung, wie dies in Abschn. 9.5.1 besprochen worden ist.

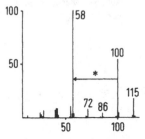

$$H_3C \diagdown \diagup CH_3 \rceil^{+}_{\cdot} \qquad H_3C \diagdown \diagup CH_2 \qquad H \diagdown \diagup CH_2$$

$$\xrightarrow{-CH_3^{\bullet}} \qquad \xrightarrow{-C_2H_4}$$

■ **Aufgaben**

Aufgabe 21:

Welche möglichen Strukturen des Amins $C_7H_{17}N$ kann man aus dem Spektrum Abb. 61 ableiten?

Aufgabe 22:

Welche charakteristischen Fragmente würden Sie für Di-*n*-butyl-methyl-amin erwarten?

Aufgabe 23:

Pentadecan-8,9-epoxid wurde mit $(CH_3)_2NH$ zu einem Gemisch der beiden α-Hydroxy-dimethylamin-Derivate umgesetzt. Welche charakteristischen α-Spaltprodukte würden Sie erwarten?

Abb. 61 Massenspektrum eines aliphatischen Amins (Aufgabe 21).

9.6
Halogenverbindungen

Vorbemerkung: Es wird an die charakteristischen Isotopenmuster von Cl und Br erinnert!

9.6.1
Aliphatische Halogenverbindungen

Die Spektren aliphatischer Halogenverbindungen (s. Abb. 62 und 63) werden beherrscht von Kohlenwasserstofffffragmenten, und zwar bei Iodiden hauptsächlich vom Typ $[C_nH_{2n+1}]^+$, bei Chloriden und Fluoriden überwiegend $[C_nH_{2n-1}]^+$, Bromide nehmen eine Mittelstellung ein. M^+ ist oft kaum zu erkennen.

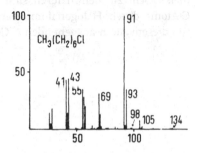

$CH_3(CH_2)_6Cl$

Abb. 62 Massenspektrum von 1-Chlorheptan.

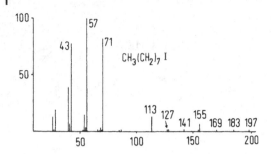

Abb. 63 Massenspektrum von 1-Iodheptan.

Charakteristische Fragmentierungsreaktionen sind:

1. Bei Iodiden, Bromiden und tertiären Chloriden $[M - {}^\bullet X]^+$.
2. Bei Fluoriden und primären sowie sekundären Chloriden $[M - HX]^{+\bullet}$.
3. Durch α-Spaltung entstandene Ionen der Struktur $[CH_2X]^+$ für primäre bzw. $[CHRX]^+$ und $[CR_2X]^+$ für sekundäre und tertiäre Halogenide sind gewöhnlich von geringer Intensität.
4. X^+ und $HX^{+\bullet}$ lassen sich gewöhnlich, wenn auch meist mit geringer Intensität erkennen.
5. Ionen der Struktur $[(CH_2)_nX]^+$ findet man mit sehr geringer und mit zunehmendem n abnehmender Intensität, das Ion $[(CH_2)_4X]^+$ bei geradkettigen Chloriden und Bromiden mit mindestens 6 C-Atomen (aber nicht bei Fluoriden und Iodiden) tritt jedoch als intensives Fragment hervor; ihm ist eine cyclische Struktur zugeschrieben worden (analoges Verhalten findet man auch bei Thiolen, s. m/z 89 in Abb. 57; X = SH):

$$\langle\!\!\!\!\!\!\!\underset{X}{\overset{+}{}}\!\!\!\!\!\rangle \qquad X = Cl, \; Br$$

Chloride und Bromide mit verzweigten Ketten zeigen analoge Fragmentierung in nur geringerem Ausmaß.

Polyhalogenverbindungen bilden hauptsächlich halogenhaltige Ionen, die durch ihre Masse und (bei Cl und Br) ihr Isotopenmuster meist leicht zu identifizieren sind. Mehrfache Substitution eines C-Atoms durch Halogenatome bewirkt bevorzugte Spaltung der von diesem Atom ausgehenden C,C-Bindung (vgl. Abb. 64).

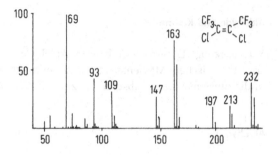

Abb. 64 Massenspektrum von 2,3-Dichlor-1,1,1,4,4,4-hexafluorbuten-2 (Aufgabe 24).

9.6.2
Aromatische Halogenverbindungen

Benzol, das durch Halogen substituiert ist, spaltet $X^\bullet$ ab. Sind Alkylketten vorhanden, so tritt deren bekannte Fragmentierung (s. Abschn. 9.1.5) ein. Benzylisch gebundenes Halogen wird überaus leicht abgespalten.

■ *Aufgaben*
Aufgabe 24:
Identifizieren Sie die wichtigsten Fragmente im Massenspektrum (Abb. 64) von 2,3-Dichlor-1,1,1,4,4,4-hexafluorbuten-2.

9.7
Nitroverbindungen

Die Spektren aliphatischer Nitroverbindungen sind wenig charakteristisch; $M^{+\bullet}$ ist von geringer Intensität oder nicht zu erkennen. Nitrobenzol zeigt NO_2- und in geringerem Maße NO-Abspaltung, ebenso *m*- und *p*-Nitrotoluol, während *o*-Nitrotoluol neben $[M - {}^\bullet NO_2]^+$ auch OH-Verlust durch einen „*ortho*-Effekt" aufweist. Der weitere Zerfall verläuft über komplexe Umlagerungsreaktionen.

9.8
Aldehyde und Ketone

Vorbemerkung: Liefern komplizierte Aldehyde und Ketone keine charakteristischen Massenspektren, so hilft oft die Überführung in die Ethylenketale (s. Abschn. 9.3.2).

9.8.1
Aldehyde

Die Spektren aliphatischer Aldehyde sind charakterisiert durch Peakgruppen der Reihe 29, 43, 57, ... ($C_nH_{2n+1}+$ und $C_nH_{2n-1}O^+$), 41, 55, 69, ... ($C_nH_{2n-1}^+$), die entsprechend ihrer Entstehungsart verschieden intensiv auftreten können. Für die Strukturermittlung von Bedeutung sind die folgenden Prozesse (s. Abb. 65):

1. *a*-Spaltung gibt HCO$^+$, *m/z* 29, das jedoch nur für niedrige Glieder der Reihe signifikant ist.

> **!** **Achtung** *HCO$^+$ ist mit $C_2H_5^+$ isobar und daher nur bei entsprechend hoher Auflösung sicher zu erkennen ($CHO...29,0027$, $C_2H_5...29,0391$ u).*

2. *McLafferty*-Umlagerung:

$$
\begin{array}{c}
\underset{H}{\overset{OH}{\underset{\diagdown}{C}}}\!\!\diagdown_{CH_2} \; + \; \overset{CHR}{\underset{CH_2}{\parallel}}
\end{array}
\overset{\rceil +}{\cdot} \;\;
\longleftarrow \;\;
\begin{array}{c} O \\ \parallel \\ H\diagdown C\diagdown \underset{H_2}{C} \end{array}\!\!\overset{H\diagdown CHR}{\diagup CH_2}
\overset{\rceil +}{\cdot} \;\;
\longrightarrow \;\;
\begin{array}{c} {}^+OH \\ | \\ H\diagdown C \end{array}\!\!\diagdown_{CH_2} \; + \; \overset{CHR}{\underset{CH_2}{\parallel}}
$$

M-44   α   *m/z* 44

Die Ladung kann sowohl beim O-haltigen (*m/z* 44, bei *a*-Substitution in der Masse entsprechend verschoben) als auch beim O-freien Fragment verbleiben, das dann aus der $C_nH_{2n}^+$-Reihe herausragt; häufig findet man beide Fragmente mit beträchtlicher Intensität.

3. Verzweigungen in der Kette sind nur in *a*-Stellung (s. *McLafferty*-Umlagerung) gut zu erkennen.

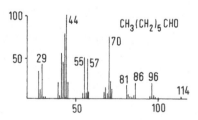

$CH_3(CH_2)_5CHO$

Abb. 65 Massenspektrum von *n*-Heptanal.

4. Häufig wird $[M - H_2O]^{+\bullet}$ und $[M - C_2H_4]^{+\bullet}$ (nicht $[M - CO]^{+\bullet}$, wie gelegentlich in der Literatur zu finden!) beobachtet (Umlagerungen).

Benzaldehyd fragmentiert einfach: Verlust von $H^{\bullet}$ führt zu $C_6H_5CO^+$, das dann noch CO verlieren kann.

9.8.2
Aliphatische Ketone

Das Massenspektrum von Aceton findet sich unter den Spektren wichtiger Lösungsmittel (Kap. 18).

Aliphatische Ketone zeigen mehrere charakteristische Zerfallsprozesse (s. Abb. 66), die, da sie miteinander in Konkurrenz treten, je nach Struktur des Moleküls Ionen unterschiedlicher Intensität geben.

1. α-Spaltung gibt zwei Fragmente:

$$R'C\equiv O^+ \longleftarrow R\overset{\overset{\displaystyle O\,\overset{\bullet}{\overset{+}{}}}{\|}}{-}C-R' \dashrightarrow R-C\equiv O^+$$

2. Die so entstandenen Fragmente können CO verlieren.

$$R\overset{\frown}{-}CO^+ \longrightarrow R^+ + CO$$

> **!** **Achtung** *Da C_2H_4 und CO isobar sind, fallen die Fragmente C_nH_{2n+1} und $C_{n-1}H_{2n-1}O^+$ (RCO^+) zusammen. Die nach 1) und 2) entstandenen Ionen überragen an Intensität benachbarte Homologe, die durch uncharakteristische Spaltprozesse entstanden sind.*

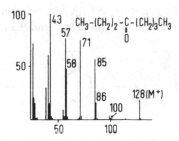

Abb. 66 Massenspektrum von *n* Octanon 4.

3. McLafferty-Umlagerung tritt bei entsprechender Kettenlänge auf, z. B. bei $C_3H_7COC_4H_9$:

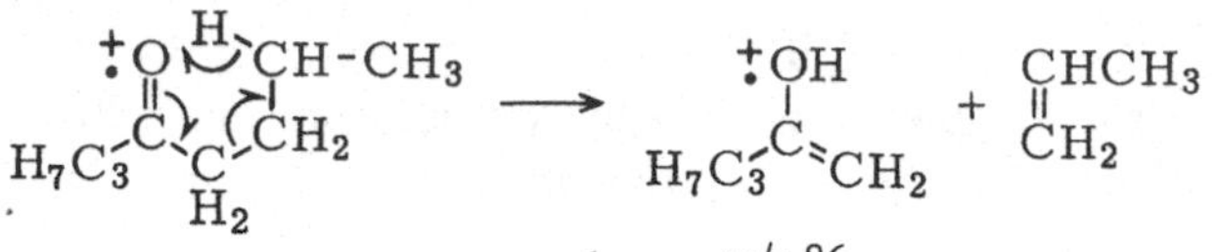

$$H_7C_3-\overset{\overset{\textstyle \overset{+}{O}}{\|}}{C}-\underset{\underset{\textstyle H_2}{}}{C}-\overset{\overset{\textstyle H}{}}{C}H-CH_3 \quad \longrightarrow \quad H_7C_3-\overset{\overset{\textstyle \overset{+}{O}H}{\|}}{C}=CH_2 \quad + \quad \overset{\overset{\textstyle CHCH_3}{\|}}{CH_2}$$

m/z 86

$$H_2C-\overset{\overset{\textstyle \overset{+}{O}}{\|}}{C}-\underset{\underset{\textstyle H_2}{}}{C}-C_4H_9 \quad \longrightarrow \quad H_2C=\overset{\overset{\textstyle \overset{+}{O}H}{\|}}{C}-C_4H_9 \quad + \quad \overset{\overset{\textstyle CH_2}{\|}}{CH_2}$$

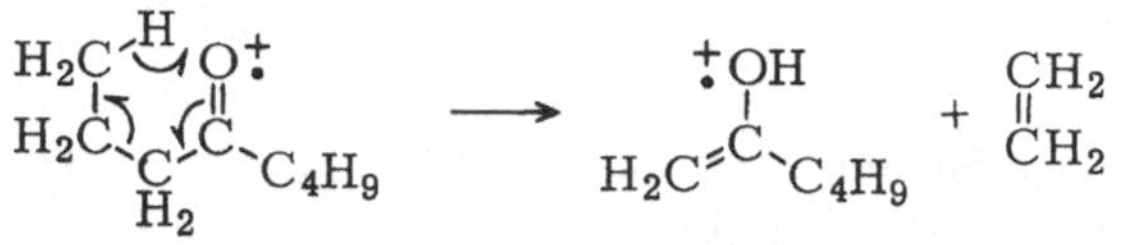

m/z 100

4. Die *McLafferty*-Zerfallsprodukte können, wenn die Voraussetzungen gegeben sind, nochmals eine *McLafferty*-Umlagerung eingehen.

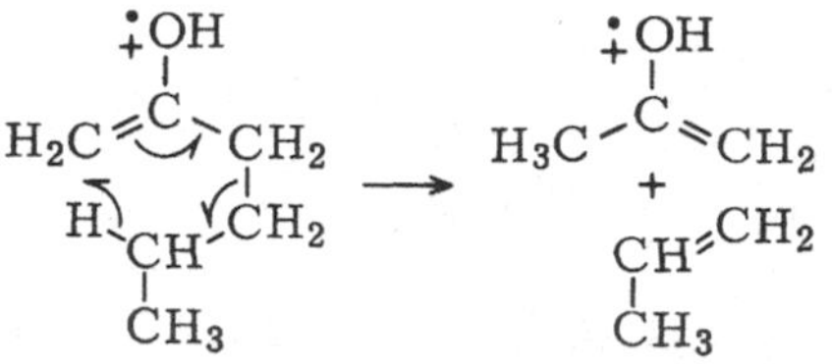

$$H_2C=\overset{\overset{\textstyle \overset{+}{\cdot}OH}{|}}{C}-CH_2 \quad \longrightarrow \quad H_3C-\overset{\overset{\textstyle \overset{+}{\cdot}OH}{|}}{C}=CH_2$$

m/z 58

(gleiche Masse wie Aceton!)

a-Substitution ist durch entsprechende Massenverschiebung erkennbar.

Neben diesen charakteristischen Ionen treten, besonders bei längeren Ketten, noch die üblichen Kohlenwasserstoffionen auf, mitunter wird auch $[M - H_2O]^{+\bullet}$ beobachtet.

9.8.3
Cycloalkanone

Ringspaltung erfolgt wie bei den entsprechenden Alkoholen und Aminen (Abschn. 9.2.2. und 9.5.2.) beschrieben:

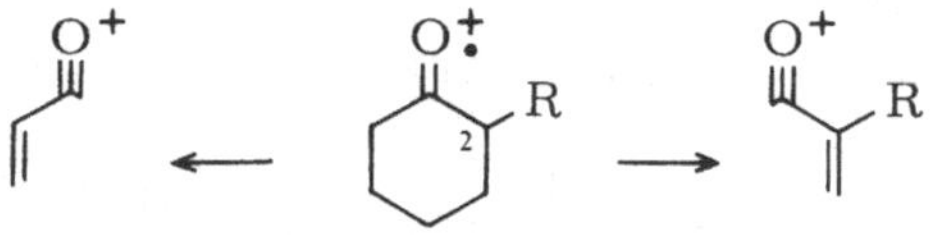

Ist eine in 2-Stellung befindliche Alkylgruppe wenigstens C_2H_5, so tritt *McLafferty*-Umlagerung auf.

$$\text{(Struktur)} \longrightarrow \text{(Struktur)} + \underset{\text{CH}_2}{\overset{\text{CHR}}{\|}}$$

9.8.4
Aromatische Ketone

C_6H_5COR liefert als Basispeak $C_6H_5CO^+$, das dann weiter CO verlieren kann. Ist R wenigstens $n\text{-}C_3H_7$, so beobachtet man zusätzlich *McLafferty*-Umlagerung.

$$\text{(Struktur)} \longleftarrow \text{(Struktur)} \longrightarrow \text{(Struktur)} + \underset{\text{CH}_2}{\overset{\text{CHR}}{\|}}$$

m/z 105   *m/z* 120

■ *Aufgaben*

Aufgabe 25:
Versuchen Sie im Spektrum Abb. 67 die wichtigsten Fragmente zu identifizieren.

Aufgabe 26:
In Abb. 68 sind die Massenspektren von vier isomeren Ketonen der Zusammensetzung $C_6H_{12}O$ wiedergegeben. Welche Strukturformeln kommen den vier Ketonen zu?

Aufgabe 27:
Das Epoxid Aufgabe 23 wurde zu einem Gemisch von zwei isomeren Ketonen umgelagert. Welche charakteristischen Fragmente würden Sie erwarten?

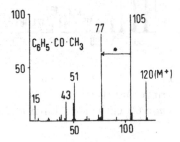

Abb. 67 Massenspektrum von Acetophenon (Aufgabe 25).

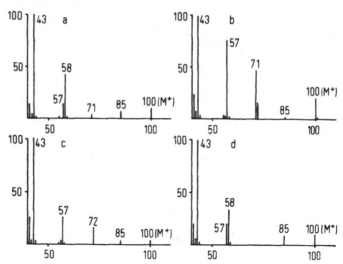

Abb. 68 Massenspektren von 4 isomeren Ketonen $C_6H_{12}O$ (Aufgabe 26).

9.9
Carbonsäuren und Ester

9.9.1
Aliphatische Säuren und ihre Ester

Die Massenspektren von Essigsäure und Essigsäureethylester finden sich unter den Spektren wichtiger Lösungsmittel (Kap. 18).

Zu den weniger charakteristischen Ionen unverzweigter aliphatischer Säuren gehören die Kohlenwasserstoffionen $C_nH_{2n+1}^+$ und (mit etwas geringerer Intensität) $C_nH_{2n-1}^+$. Typische Fragmente sind (s. Abb. 69):

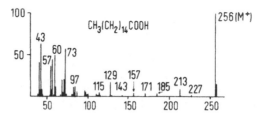

Abb. 69 Massenspektrum von Palmitinsäure.

1. $[M - OH]^{+\bullet}$ ($R\text{-}CO^+$) entstanden durch a-Spaltung, meist von geringer Intensität.
2. m/z 60, entstanden durch *McLafferty*-Umlagerung:

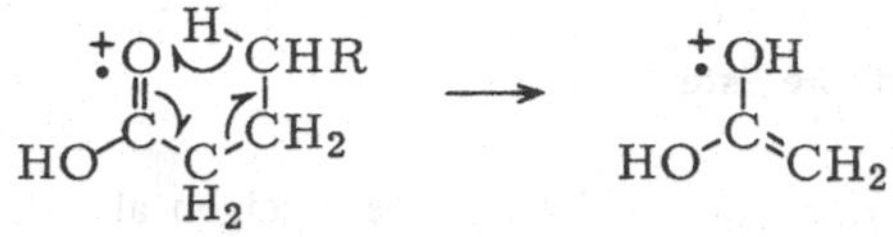

$$\overset{+}{\underset{HO}{\cdot}O\overset{H}{\diagdown}CHR \atop \underset{H_2}{\overset{\|}{C}}\overset{\diagdown}{C}\overset{\diagup}{CH_2}} \longrightarrow \overset{+}{\underset{HO}{\cdot}OH \atop \overset{\diagdown}{C}\diagup CH_2}$$

m/z 60

3. (besonders für längerkettige Verbindungen) die Reihe 73, 87, 101,..., $[(CH_2)_nCOOH]^+$, wobei die Glieder mit $n = 2$, 6, 10,... (m/z 73, 129, 185,...) hervorragen.

Das Fragmentierungsverhalten der Methylester unverzweigter Fettsäuren entspricht dem der freien Säuren, nur sind die Signale der O-haltigen Fragmente um 14 u verschoben. Das zweite α-Spaltprodukt $^+COOCH_3$ (m/z 59) ist meist gut zu erkennen.

Ester höherer Alkohole geben gewöhnlich etwas kompliziertere Massenspektren infolge zusätzlicher Fragmentierung der Alkoxygruppe. Wichtige Prozesse sind:

1. *McLafferty*-Umlagerung, die das entsprechende Säureion liefert:

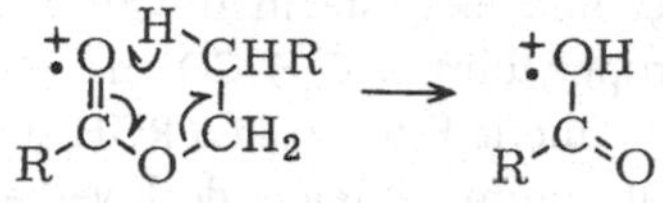

$$\overset{+}{\underset{R}{\cdot}O\overset{H}{\diagdown}CHR \atop \overset{\|}{C}\overset{\diagdown}{O}\overset{\diagup}{CH_2}} \longrightarrow \overset{+}{\underset{R}{\cdot}OH \atop \overset{\diagdown}{C}\diagdown O}$$

Ist die Säurekette lang genug, so kann eine zweite *McLafferty*-Umlagerung folgen:

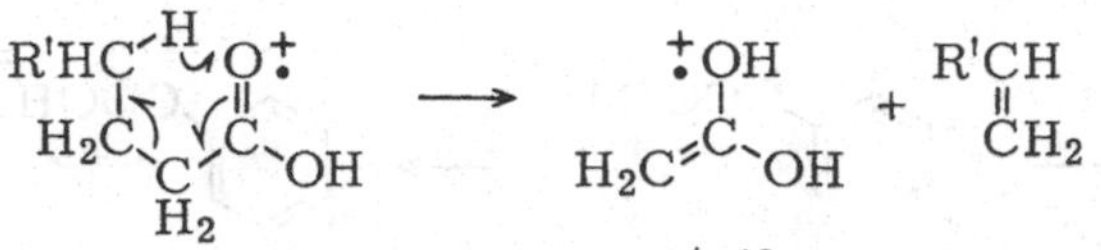

$$\overset{R'HC\overset{H}{\diagup}O\overset{+}{\cdot} \atop \underset{H_2C}{}\diagdown\underset{H_2}{\overset{\|}{C}}\overset{\diagup}{C}\diagdown OH}{} \longrightarrow \overset{+}{\cdot}OH \atop H_2C\diagdown\overset{\|}{C}\diagdown OH} + \overset{R'CH \atop \overset{\|}{CH_2}}{}$$

m/z 60

2. Mit zunehmender Kettenlänge überwiegt doppelte H-Umlagerung zur protonierten Säure, sodass das Produkt der *McLafferty*-Umlagerung oft nicht mehr zu erkennen ist.

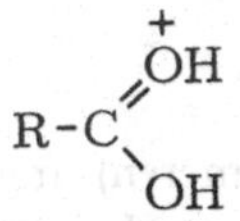

$$R-C\overset{\overset{+}{O}H}{\underset{OH}{\diagdown}}$$

Auf die Möglichkeit, die Lage von Mehrfachbindungen, Verzweigungsstellen usw. bei längerkettigen aliphatischen Carbonsäuren mit Hilfe der „remote charge controlled fragmentation" (s. Abschn. 3.6) zu bestimmen, sei hingewiesen.

9.9.2
Aromatische Säuren und ihre Ester

Säuren, die die Carboxylgruppe am Kern tragen, zeigen als wichtigstes Spaltprodukt $[M - {}^\bullet OH]^+$, gefolgt von CO-Eliminierung:

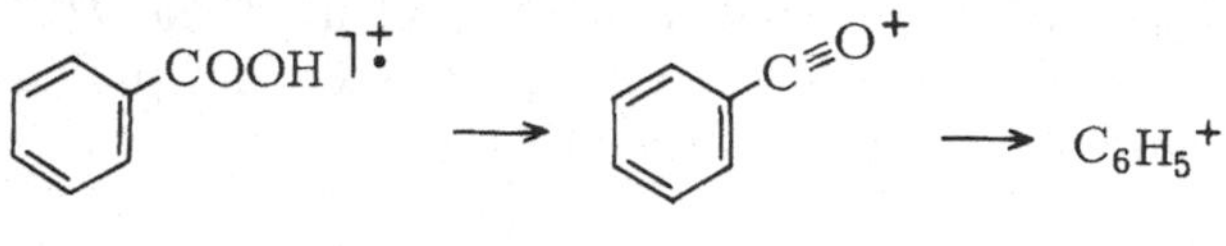

Substituierte Säuren mit einer *ortho*-ständigen Alkyl-, Hydroxyoder anderer ein H-tragenden Gruppe verlieren H_2O durch den *ortho*-Effekt:

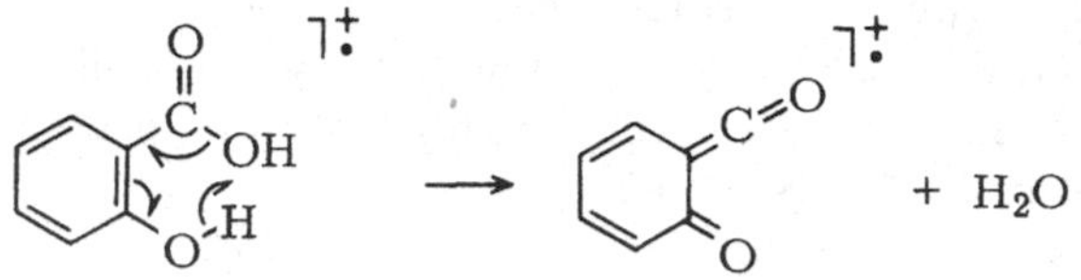

Das Fragmentierungsverhalten der entsprechenden Ester ergibt sich aus dem für die aromatischen Säuren und über Ester in Abschn. 9.9.1 Gesagten: Abspaltung der Alkoxygruppe führt zu $C_6H_5CO^+$, das weiter CO verliert; entsprechend *o*-substituierte Ester spalten ROH statt H_2O ab. *McLafferty*-Umlagerung führt zum Säureion, doch verliert diese Fragmentierungsreaktion bei längeren Alkoxygruppen an Bedeutung gegenüber der Bildung der protonierten Säure.

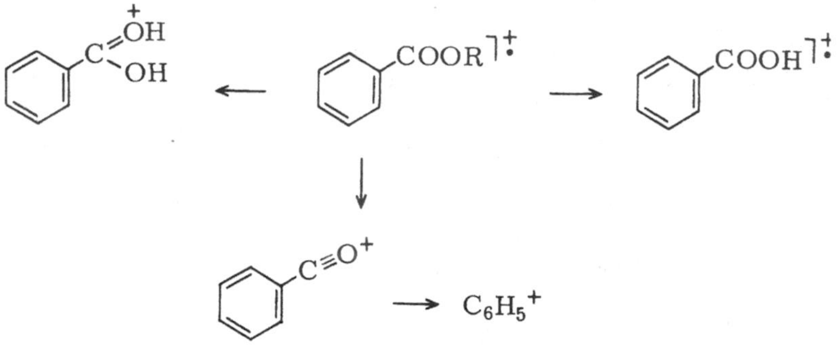

Phthalsäuredimethylester (und seine *m*- und *p*-Isomeren) fragmentieren analog, höhere Ester der Phthalsäure geben als wichtigstes und charakteristischstes Bruchstück m/z 149:

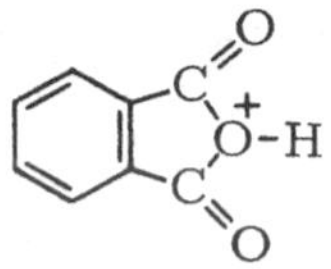

m/z 149

Da Phthalester (Weichmacher) sehr leicht aus Lösungsmitteln, Plastikgefäßen usw. in Substanzproben eingeschleppt werden [5], findet sich „*m/z* 149" als häufige Verunreinigung (s. Abschn. 2.1.3).

■ **Aufgaben**

Aufgabe 28:
Identifizieren Sie im Spektrum von Hexacosansäuremethylester (Abb. 70) die charakteristischen Fragmente.

Aufgabe 29:
Können Sie aufgrund des Massenspektrums des Esters $C_{16}H_{22}O_4$ (Abb. 71) einen Strukturvorschlag machen?

Aufgabe 30:
Durch weniger drastischen reduktiven Abbau lässt sich Filipin (s. Aufgabe 13, Abschn. 9.1) in den Methylester $C_{36}H_{72}O_2$ überführen, der dasselbe Kohlenstoffskelett wie der in Aufgabe 13 beschriebene Kohlenwasserstoff $C_{35}H_{72}$ besitzt. Im Massenspektrum des Esters finden sich folgende charakteristische Fragmente: *m/z* 158 ($C_9H_{18}O_2$), 197 ($C_{14}H_{29}$), 367 ($C_{24}H_{47}O_2$) und 452 ($C_{30}H_{60}O_2$). Ist nun die Struktur eindeutig bestimmbar?

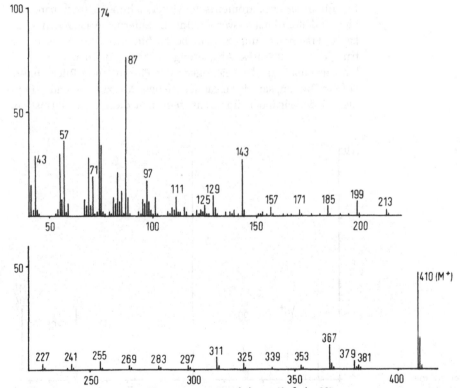

Abb. 70 Massenspektrum von Hexacosansäuremethylester (Aufgabe 28).

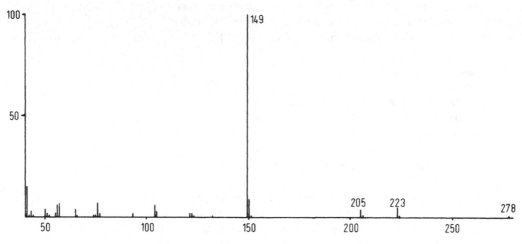

Abb. 71 Massenspektrum eines Esters $C_{16}H_{22}O_4$ (Aufgabe 29).

9.10
Koordinationsverbindungen

Ein für massenspektrometrische Untersuchungen fruchtbares Gebiet sind Koordinationsverbindungen. Sofern die Liganden selbst kaum Fragmentierung zeigen, beobachtet man im Massenspektrum deren sukzessive Abspaltung (s. Abb. 72). In manchen Fällen kann man aus der Leichtigkeit der Eliminierung Rückschlüsse auf die Bindungsart der Liganden ziehen. Mit zunehmender Komplexität der Liganden fragmentieren auch diese (z. B. Verlust von

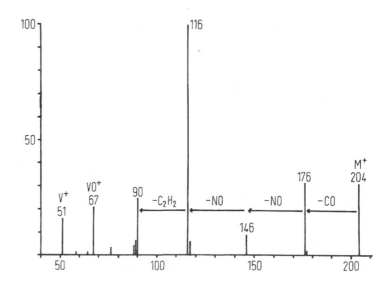

Abb. 72 Massenspektrum von $(C_5H_5)V(NO)_2CO$.

C_2H_2 aus dem Cyclopentadienyl-Rest in Abb. 72). Hier macht man häufig eine interessante Beobachtung, die die Bedeutung der höheren Stabilität geradelektronischer Systeme erkennen lässt: Ionisation eines organischen Restes führt zu einem Radikalion. Kann das Metall das so entstandene einsame Elektron nicht durch Wertigkeitsänderung aufnehmen, so erfolgt Fragmentbildung bevorzugt durch Verlust eines Radikals. Ist Wertigkeitsänderung möglich, so können hintereinander zwei Radikale oder direkt ein geradelektronisches Teilchen abgespalten werden. So fragmentiert das Di-acetylacetonat von Mg^{2+}

$$^+Mg^{II}acac \xleftarrow{-acac^\bullet} [Mg^{II}(acac)_2]^{\ddagger} \xrightarrow{-CH_3^\bullet} (acac)Mg^{II}{-}O{-}C(CH_3){=}CH{-}C{=}O^+,$$

das Tri-acetylacetonat von Co^{3+} hingegen

$$[Co^{III}(acac)_3]^{\ddagger} \xrightarrow{-acac^\bullet} [Co^{II}(acac)_2]^{\ddagger} \xrightarrow{-CH_3^\bullet} (acac)Co^{II}{-}O{-}C(CH_3){=}CH{-}C{\equiv}O^+$$

$$\downarrow {-acac^\bullet}$$

$$[Co^{I}acac]^{\ddagger} \xrightarrow{-CH_3^\bullet} Co^{I}{-}O{-}C(CH_3){=}CH{-}C{\equiv}O^+$$

$(acac = {}^-OC(CH_3){=}CH{-}C(CH_3){=}O)$.

10
Beispiele aus dem Naturstoffbereich

Es sollen hier drei typische Substanzklassen herausgegriffen werden, die beispielhaft die Möglichkeiten und Arbeitstechniken bei der Strukturermittlung von Naturstoffen aufzeigen, nämlich Aminosäuren und Peptide, Zucker sowie Steroide. Am Beispiel der Aminosäuren wird gezeigt, wie anhand des Fragmentierungsverhaltens neue Vertreter identifiziert werden können, außerdem dienen sie als Beispiel für polyfunktionelle Verbindungen. Auf die Sequenzierung von Peptiden wird kurz eingegangen. Ein Beispiel aus der Chemie der Kohlenhydrate soll die Möglichkeiten der Markierungstechnik mit schweren Isotopen aufzeigen. Schließlich wird an einem Steroidbeispiel gezeigt, wie durch gezielte Derivatisierung Information über unterschiedliche Teile eines Moleküls gewonnen werden kann, und auf den *Biemann*schen *Verschiebungssatz* hingewiesen.

10.1
Aminosäuren und Peptide

Freie Aminosäuren sind als Zwitterionen schwer flüchtig. Um Zersetzungen besonders thermisch empfindlicher Vertreter dieser Gruppe zu vermeiden, ist es vorteilhaft, entsprechende Derivate, z. B. Ester, zur Messung zu verwenden (für GC/MS-Analysen werden häufig die N-Trifluoracetyl-aminosäure-isopropylester eingesetzt; vgl. Abb. 23, Abschn. 2.4).

Bei einfachen Aminosäuren und ihren Estern (Glycin und seinen Homologen) beherrscht die Aminogruppe das Fragmentierungsverhalten, sodass die typischen Fragmente primärer Amine beobachtet werden (vgl. Abschn. 9.5.1), nämlich die durch α-Spaltung entstandenen Ionen und ihre weiteren Zerfallsprodukte, wie dies am Beispiel von Leucinmethylester (Abb. 73) gezeigt werden soll:

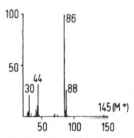

Abb. 73 Massenspektrum von Leucinmethylester.

Massenspektrometrie, Fünfte Auflage. H. Budzikiewicz, M. Schäfer
Copyright © 2005 WILEY-VCH Verlag GmbH & Co. KGaA, Weinheim
ISBN: 3-527-30822-9

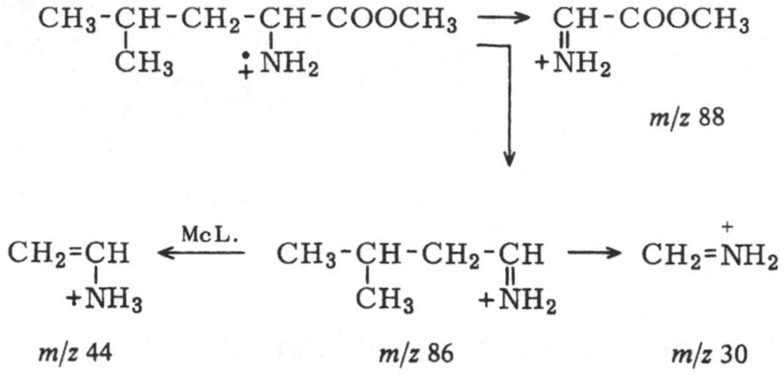

$$CH_3\text{-}\underset{\underset{CH_3}{|}}{CH}\text{-}CH_2\text{-}\underset{\underset{\cdot\!\!\!\!+NH_2}{|}}{CH}\text{-}COOCH_3 \longrightarrow \underset{\underset{+NH_2}{|}}{CH}\text{-}COOCH_3$$

$$m/z\ 88$$

$$CH_2\text{=}\underset{\underset{+NH_3}{|}}{CH} \quad\overset{McL.}{\longleftarrow}\quad CH_3\text{-}\underset{\underset{CH_3}{|}}{CH}\text{-}CH_2\text{-}\underset{\underset{+NH_2}{||}}{CH} \quad\longrightarrow\quad CH_2\text{=}\overset{+}{N}H_2$$

$$m/z\ 44 \qquad\qquad\qquad m/z\ 86 \qquad\qquad\qquad m/z\ 30$$

Das für die Identifizierung wichtigste Fragment ist *m/z* 86, da es die für die Aminosäuren R-CH(NH₂)-COOH charakteristische Gruppe R enthält. Dieses α-Spaltprodukt ist bei allen einfachen Aminosäuren und ihren Estern für den Basispeak verantwortlich und erlaubt, auch wenn das häufig wenig intensive M⁺ schwer zu erkennen ist, die Identifizierung der fraglichen Aminosäure. Zwei Punkte sind jedoch zu beachten:

1. Isomere Aminosäuren wie z.B. Leucin ((CH₃)₂CHCH₂CH (NH₂)COOH) und α-Aminocapronsäure (CH₃CH₂CH₂CH₂CH (NH₂)COOH) geben α-Spaltprodukte gleicher Masse.
2. Die weiteren Zerfallsprodukte der charakteristischen Ionen bei längerkettigen Aminosäuren (*m/z* 30, *m/z* 44) haben die gleiche Masse und Zusammensetzung wie die α-Spaltprodukte von Glycin (CH₂(NH₂)COOH) und Alanin (CH₃CH(NH₂)COOH), sodass man aus deren Auftreten nicht auf das Vorliegen von Verunreinigungen schließen darf.

Aminosäuren, die ein zweites Strukturelement enthalten, das ebenfalls die positive Ladung gut stabilisieren kann, liefern zusätzliche Fragmente, z.B.:

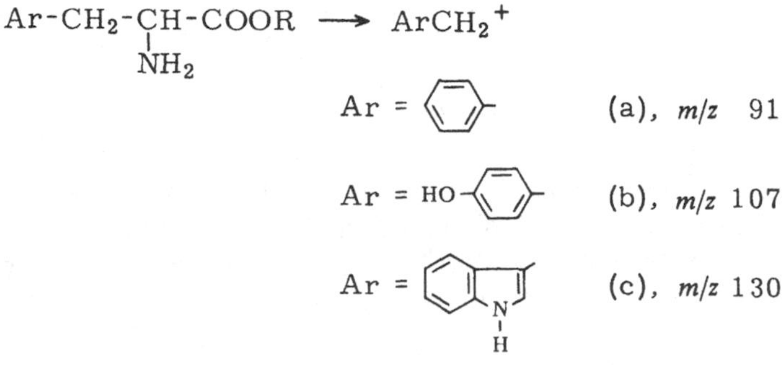

$$Ar\text{-}CH_2\text{-}\underset{\underset{NH_2}{|}}{CH}\text{-}COOR \longrightarrow ArCH_2{}^+$$

Ar = ⟨phenyl⟩-   (a), *m/z* 91

Ar = HO-⟨phenyl⟩-   (b), *m/z* 107

Ar = ⟨indolyl⟩   (c), *m/z* 130

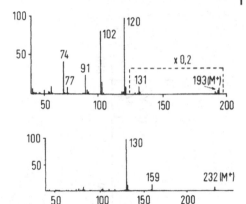

Abb. 74 Massenspektrum von Phenylalaninethylester.

Abb. 75 Massenspektrum von Tryptophanethylester.

Wie mit der Größe des π-Systems und damit zunehmender Fähigkeit, die positive Ladung zu stabilisieren, diese Fragmente an Bedeutung gewinnen, zeigen die Massenspektren von Phenylalanin- und Tryptophanethylester (Abb. 74 und 75): Beim Phenylalaninester vermag das Aminfragment (m/z 102) mit m/z 91 ($C_7H_7^+$) zu konkurrieren, beim Tryptophanester ist praktisch nur m/z 130 zu erkennen.

Die Bedeutung der Massenspektrometrie für die Untersuchung von Aminosäuren liegt darin, dass diese auf Grund des charakteristischen Fragmentierungsverhaltens leicht identifiziert werden können. Dies ist besonders wichtig, wenn ungewöhnliche Aminosäuren vorliegen, die auf chromatographischem Wege nicht ohne weiteres bestimmt werden können. Überdies erlauben es die charakteristischen α-Spaltprodukte, den Einbau von Isotopenmarkierung (z. B. ^{15}N) bei biochemischen oder medizinischen Versuchen zu ermitteln.

In gewissen Grenzen ist auf massenspektrometrischem Weg eine Bestimmung der Aminosäuresequenz bei Peptiden mit einer Molmasse unter 2000 möglich [64]. Ein Beispiel findet sich in Abb. 76. Fragmentierung erfolgt überwiegend im Bereich der Peptidbindungen (häufig verbunden mit H-Umlagerungen), wobei die Bruchstücke nach dem folgenden Schema bezeichnet werden (A_n, B_n, C_n; X_p, Y_p, Z_p: das Bruchstück enthält die n bzw. p letzten Aminosäuren vom N-bzw. C-Terminus aus gerechnet):

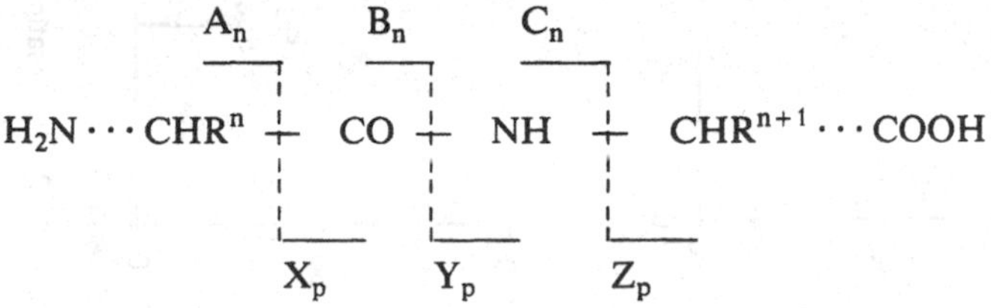

$$A_n \qquad B_n \qquad C_n$$

$$H_2N \cdots CHR^n \;\vert\; CO \;\vert\; NH \;\vert\; CHR^{n+1} \cdots COOH$$

$$X_p \qquad Y_p \qquad Z_p$$

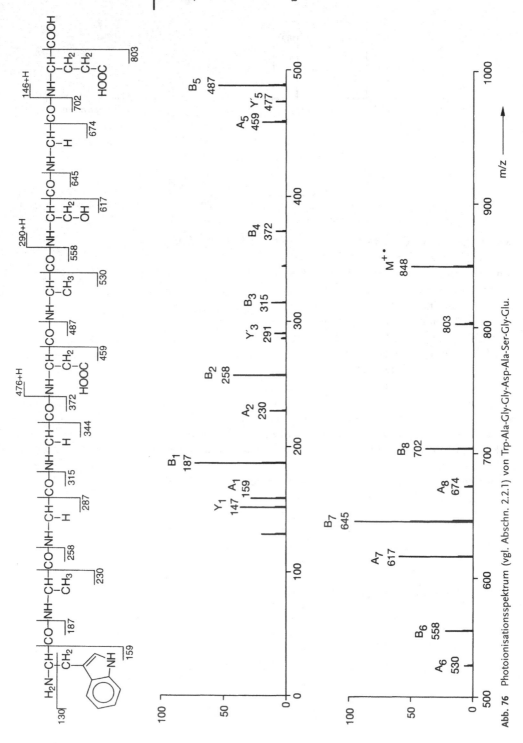

Abb. 76 Photoionisationsspektrum (vgl. Abschn. 2.2.1) von Trp-Ala-Gly-Gly-Asp-Ala-Ser-Gly-Glu.

Nicht immer werden alle Bruchstücke beobachtet, evtl. muss man durch Stoßaktivierung „nachhelfen", es können aber auch Sekundärfragmente (Teile aus der Mitte der Kette) auftreten, sodass die Interpretation Schwierigkeiten bereiten kann Bei größeren Peptiden und Proteinen erhält man nur Informationen über die Molmasse (vgl. auch Abschn. 5.2).

■ *Aufgaben*

Aufgabe 31:
Versuchen Sie aus den Spektren Abb. 77 und 78 abzuleiten, um welche Aminosäureethylester es sich handelt.

Aufgabe 32:
Als Abbauprodukt eines Peptidantibiotikums, das ungewöhnliche Aminosäuren enthält, wurde ein Methyltryptophan mit der möglichen Strukur **1** oder **2** isoliert. Das Massenspektrum des Ethylesters zeigte intensive Peaks bei *m/z* 144 und 173. Für welche der beiden Strukturen spricht das Ergebnis?

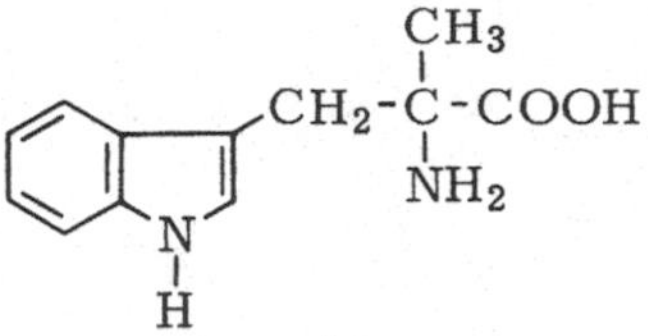

1 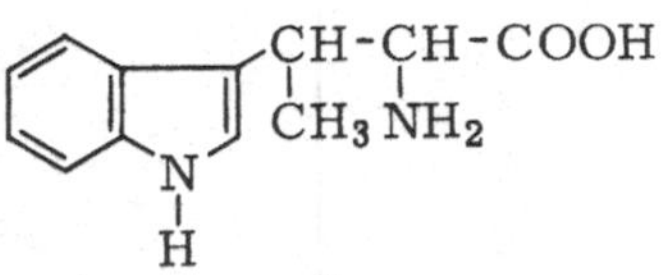   **2**

Aufgabe 33:
Für ein Prolinderivat stehen die Strukturen **3** und **4** zur Diskussion. Das Massenspektrum weist die folgenden Peaks auf: *m/z* 173, 142, 100 (Basispeak), 31. Welcher Struktur würden Sie den Vorzug geben?

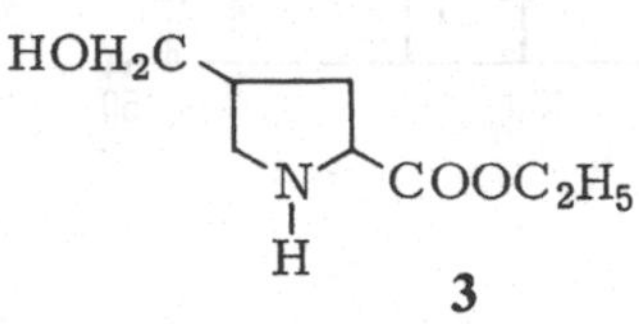

3 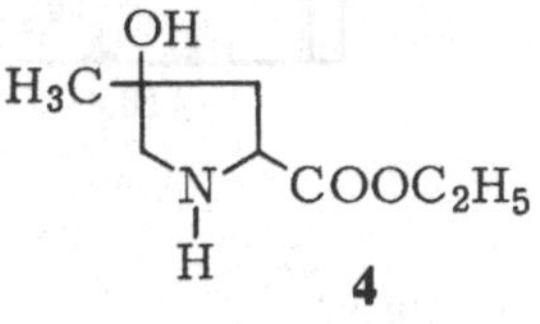   **4**

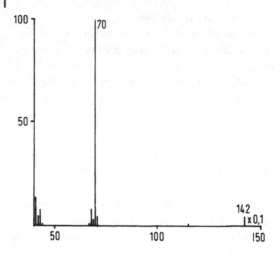

Abb. 77 Massenspektrum eines Aminosäureethylesters (Aufgabe 31).

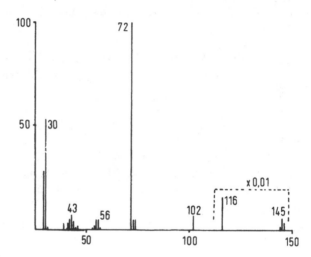

Abb. 78 Massenspektrum eines Aminosäureethylesters (Aufgabe 31).

10.2
Zucker

Die geringe Flüchtigkeit von Mono- und Oligosacchariden, bedingt durch die Anwesenheit von Hydroxygruppen, erlaubt es i. a. nicht, diese Verbindungen unzersetzt zu verdampfen. Freie Zucker lassen sich daher nur mit Oberflächen- oder Spray-Ionisierungsverfahren (s. Abschn. 2.2.3 und 2.2.4) untersuchen. Abb. 79 zeigt das ESI-CID-Spektrum des $[M+Na]^+$-Ions eines Hydroxyprolin-triarabinosids. Bei allen Ionen handelt es sich um die Na^+-Addukte von Eliminierungsprodukten (bei der Bruchstückbildung entstehen jeweils OH-Gruppen).

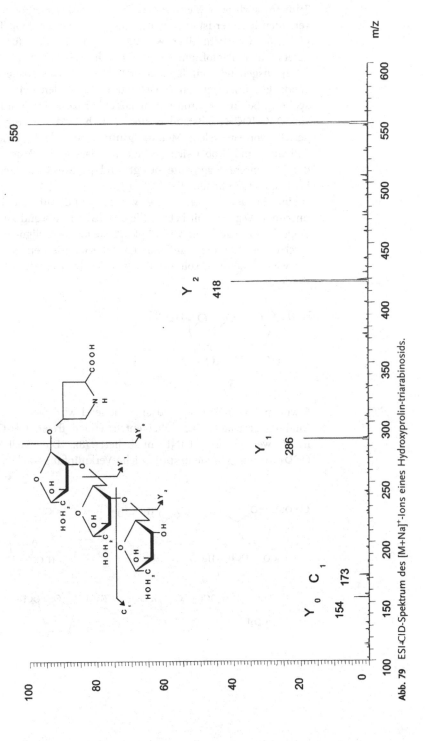

Abb. 79 ESI-CID-Spektrum des [M+Na]+-Ions eines Hydroxyprolin-triarabinosids.

Für EI und CI verwendet man Derivate wie Acetate, Acetonide, Trimethylsilyl- oder Methylether. Besonders das Fragmentierungsverhalten letzterer ist eingehend untersucht worden [65]. Tabelle 4 gibt eine Übersicht über wichtige Fragmente des Tetramethylethers einer Pentofuranose, die durch α-Spaltung (s. Abschn. 9.3.2) ausgehend vom Ethersauerstoff des Ringes sowie nachfolgende Eliminierung von CH_3OH und durch den der CH_2O-Abspaltung bei Tetrahydrofuran analogen Prozess der Eliminierung von $O=CHOCH_3$ entstanden sind. Durch D-Markierung ist festgestellt worden, welche Methoxylgruppen in welchen Ionen noch enthalten sind, wobei sich gezeigt hat, dass einige Massenzahlen durch mehrere Fragmente belegt sind (in welchem Mengenverhältnis, gibt die Spalte „Beitrag" an).

Eine in der Zuckerchemie wichtige und auf klassisch-chemischem Weg nur mit beträchtlichem Arbeitsaufwand zu lösende Frage ist die nach den Verknüpfungsstellen bei Oligo- und Polysacchariden. Wie diese auf massenspektrometrischem Weg ermittelt werden können, soll am Beispiel des Disaccharides **5** gezeigt werden:

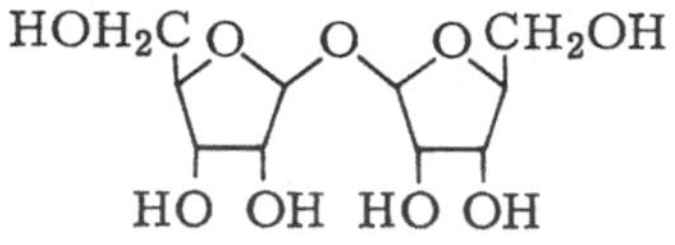

5

5 wird permethyliert (**6**) und anschließend wird die glycosidische Bindung gespalten. Die dabei entstehenden freien OH-Gruppen in **7** werden mit CD_3I methyliert (**8**). Die Stellung der OCD_3-Gruppe gibt die ursprüngliche Verknüpfungsstelle an.

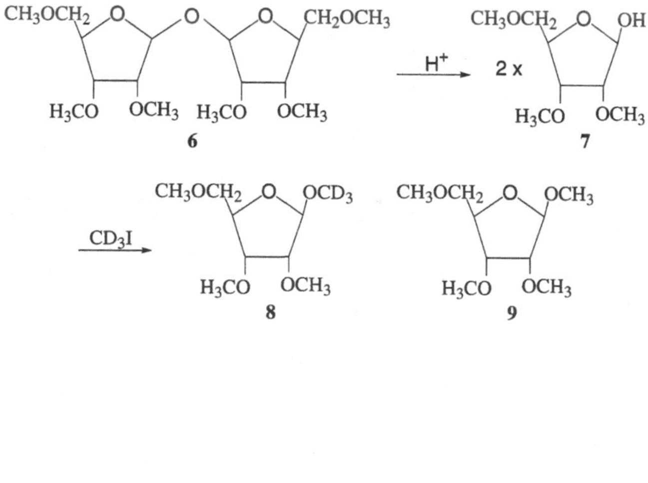

m/z	Ion	Beitrag
175	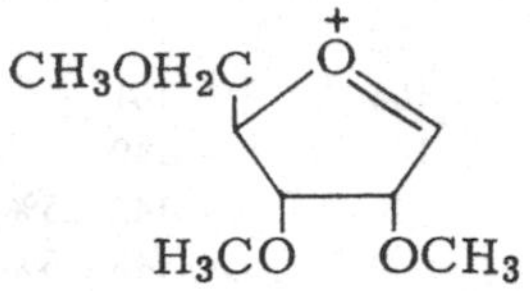	100%
161	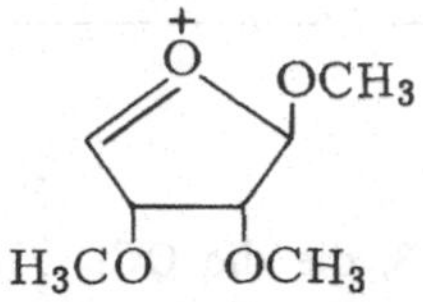	100%
146	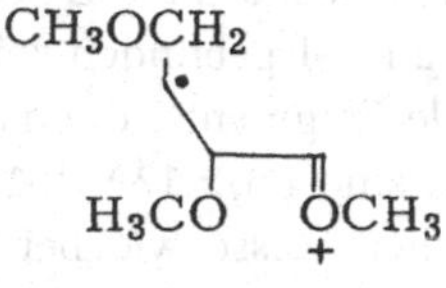	100%
143	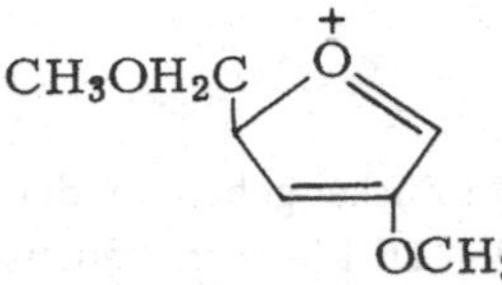	75%
129		25%
		75%
		25%

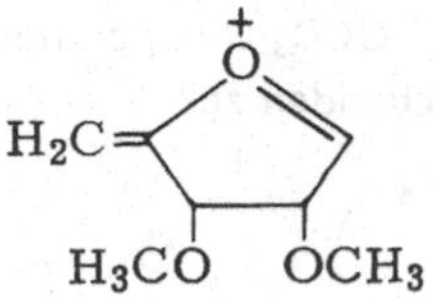

Tab. 4 Übersicht über die wichtigsten Fragmente einer permethylierten Pentofuranose (9)

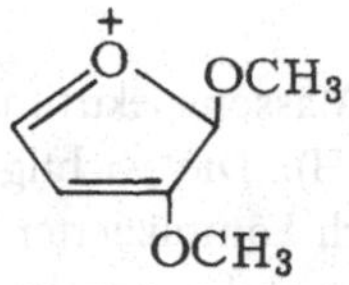

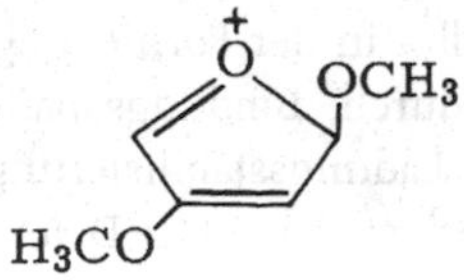

Tab. 5 Massenpeaks (*m/z*) nach methylierendem Abbau von Disacchariden (vgl. **5** und Aufgabe 35).

8	9	10	11
175	175	178	178
164	161	164	161
146	146	149	149
143	143	146	143 (25%)
			146 (75%)
132	129	129 (25%)	129
		132 (75%)	

Alle Fragmente von **8**, die die OCD_3-Gruppe enthalten, müssen gegenüber denen von **9** um 3 u verschoben sein. Aus Tabelle 5 ist ersichtlich, dass *m/z* 175 aus **8** die CD_3-Gruppe nicht enthalten kann, dass diese somit an C-1 gebunden sein muss. Dies wird dadurch bestätigt, dass alle Fragmente, die das C-1-Methoxyl enthalten, um 3 u verschoben sind (*m/z* 129, 161), während die, bei denen es fehlt, mit gleicher Masse wie bei **9** auftreten (*m/z* 143, 146).

■ *Aufgaben*

Aufgabe 34:
Zwei mit **6** isomere Zucker geben bei der analogen Aufarbeitung **8** +**10** bzw. **8** + **11**. Die charakteristischen Fragmente von **10** und **11** sind in Tabelle 5 angeführt. An welchen C-Atomen befindet sich die OCD_3-Gruppe und welche Strukturen kommen den Disacchariden zu?

10.3
Steroide [66]

Abb. 80 zeigt das Massenspektrum von 26-Hydroxy-cholest-4-en-3-on (**12**, R=CH_2OH). Die wichtigsten Fragmente sind – ohne dass auf die ziemlich komplizierten Wasserstoffwanderungen, die viele Fragmentierungsreaktionen bei Steroiden begleiten, hier eingegangen werden soll – in der Formel angegeben. Man sieht, dass diese Bruchstücke durch Bindungsspaltungen im Bereich des enon-Systems (gute Ladungsstabilisierung) – *m/z* 124, 277 und 358 – und durch Verlust von Ring D (eingeleitet durch Spaltung einer Bindung zwischen einem quartären und einem tertiären C) – *m/z* 229 – entstehen. Das durch α-Spaltung in Nachbarschaft der Hydroxylgruppe evtl. zu erwartende Ion $^+CH_2OH$ (*m/z* 31; s. Abschn. 9.2) ist nicht sicher zu erkennen. Kennt man das Fragmentierungsverhalten von Steroiden aus der Literatur, so kann man aus dem Auftreten des Ions m/z 271 (Verlust der Seitenkette) schließen, dass die Hydroxygruppe in der Seitenkette lokalisiert sein muss (warum?).

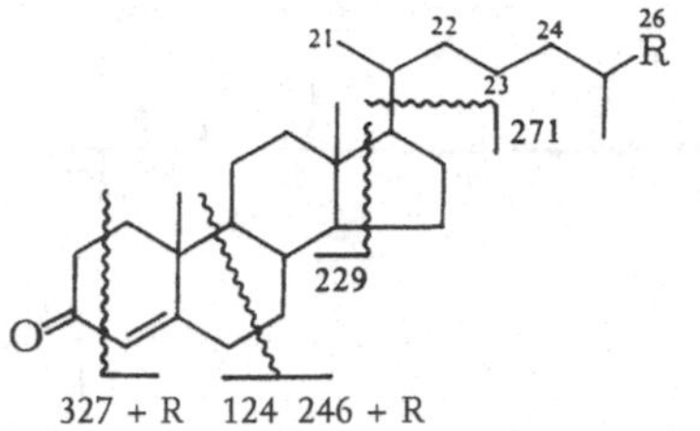

Oxidiert man -CH$_2$OH zu -CHO und führt die Aldehydgruppe in das Ethylenketal über (s. Abschn. 9.3.2) (**12**, R = CH$\left\langle\begin{smallmatrix}O-CH_2\\O-CH_2\end{smallmatrix}\right.$), so sieht man (Abb. 80c), dass die Skelettfragmente an Bedeutung verloren haben (m/z 124, 229 und 400) und dass nunmehr das α-Spalt-Ion des Ketals (m/z 73) wegen der besseren Ladungsstabilisierung das wichtigste Fragment ist. Die Hydroxygruppe kann sich somit nur an C-21 oder an C-26 befinden (warum?). Bei weiterer Oxidation des Aldhyds zur Carbonsäure (**12**, R=COOH) erhält man ein Massenspektrum, das ein durch *McLafferty*-Umlagerung (s. Abschn. 9.9.1) entstandenes Ion m/z 74 aufweist. Daraus folgt, dass sich die ursprüngliche Hydroxygruppe an C-26 befunden haben muss. Durch gezielte Herstellung von Derivaten war es damit möglich, die Lage der Hydroxygruppe eindeutig zu bestimmen.

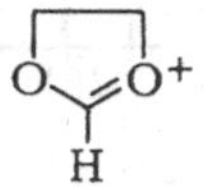

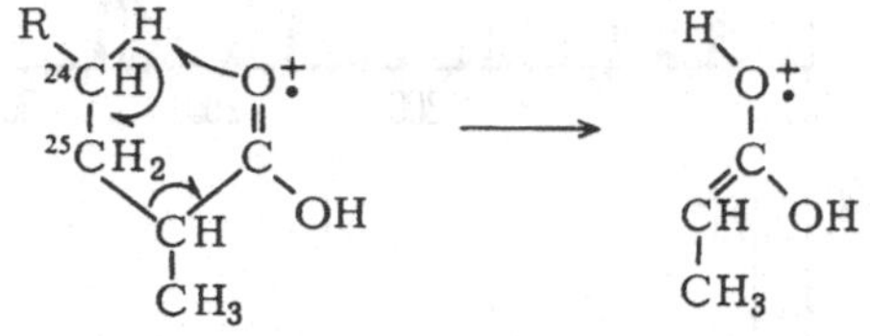

Hier soll auch auf den *Biemann*schen Verschiebungssatz hingewiesen werden, der in der Naturstoffchemie bei der Strukturaufklärung nahe verwandter Verbindungen von großer Hilfe sein kann. Abb. 80a zeigt das Massenspektrum von Cholest-4-en-3-on (**12**, R=CH$_3$). Dieses und das des 26-Hydroxyderivats (**12**, R=CH$_2$OH; Abb. 73b) sind in einfacher Weise zu korrelieren: Alle Fragmente, die die Hydroxygruppe enthalten, sind in Abb. 80b um 16 u verschoben (m/z 261 → 277, 342 → 358, 384 → 400), die übrigen (m/z 124, 229, 271) nicht. Die relativen Intensitäten der einzelnen Fragmente bleiben etwa gleich. Man kann aus derart korrespondieren-

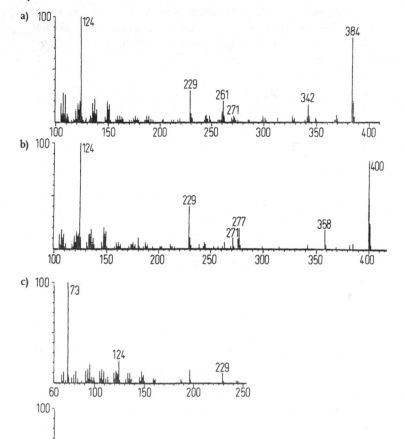

Abb. 80 Massenspektrum von
a) Cholest-4-en-3-on,
b) 26-Hydroxycholest-4-en-3-on,
c) Cholest-4-en-26-al-3-on-
26-ethylenketal.

den Spektren nicht nur darauf schließen, dass sich die beiden Verbindungen nur durch einen Substituenten unterscheiden, sondern in gewissen Grenzen (s. o.) den Substituenten auch lokalisieren. Dieses Verfahren ist nur anwendbar, wenn der zusätzliche Substituent – wie die OH-Gruppe – das Fragmentierungsverhalten nicht beeinflusst. Tut er das, wie oben die Ethylenketal-Gruppierung, so erhält man deutlich unterschiedliche Spektren (Abb. 80 c). Weitere Voraussetzung ist ein Spektrum, in dem mehrere Fragmente klar erkannt werden können. Dagegen, dass isomere Verbindungen gelegentlich praktisch identische Spektren liefern können (Abschn. 8.5), ist man natürlich nicht gefeit.

■ **Aufgaben**

Aufgabe 35:

Beantworten Sie die beiden „warum" im Text. Welche Fragmente hätte man für die Säure zu erwarten, wenn sich die OH-Gruppe an C-21 befunden hätte?

11
Stereochemische Probleme [67]

Konfigurationsisomere Moleküle liefern in vielen Fällen unterschiedliche Massenspektren und die Unterschiede im Fragmentierungsverhalten können meist auch plausibel erklärt werden. Im
Wesentlichen kommen zwei Faktoren zum Tragen, und zwar
1. die notwendige räumliche Nähe. Damit eine Umlagerung stattfinden kann, müssen die wandernde Gruppe (meist H) und das
   Akzeptoratom einander so nahe kommen, dass eine neue Bindung ausgebildet werden kann. So zeigen Z-Alkensäuremethyl-
   ester (13) ausgeprägten Verlust von •R, der bei den E-Isomeren
   (14), bei welchen die H-Wanderung nicht möglich ist, in bedeutend geringerem Umfang (25%) beobachtet wird (vgl. unten).

Aus dem gleichen Grund beobachtet man bei *endo*-2-Acetylbor-
nan (15) *McLafferty*-Umlagerung, bei dem *exo*-Isomeren 16 nur
Verlust von $CH_3CO•$.

Massenspektrometrie, Fünfte Auflage. H. Budzikiewicz, M. Schäfer
Copyright © 2005 WILEY-VCH Verlag GmbH & Co. KGaA, Weinheim
ISBN: 3-527-30822-9

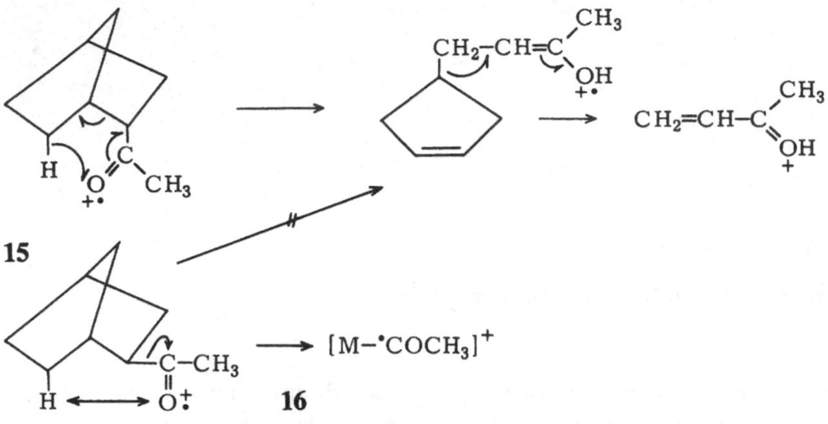

15

16 → [M−·COCH₃]⁺

(structures with formula labels)

2. unterschiedliche bei der Fragmentierung freiwerdende Energie. Ein Beispiel sind Decalinsysteme. Die mehr gespannten (höheres ΔH_0) *cis*-Verbindungen führen zu leichterer Ringöffnung und damit zu intensiveren Fragmenten. So führt der Verlust von Ring A (auf sekundäre H-Umlagerungen soll hier nicht eingegangen werden) bei 5-Cholestan-3-on (**17**) zu einem Fragment von 1% rel. Int. bei dem A/B-*cis*-Isomeren 5β-Cholestan-3-on (**18**) zu einem von 30% rel. Int.

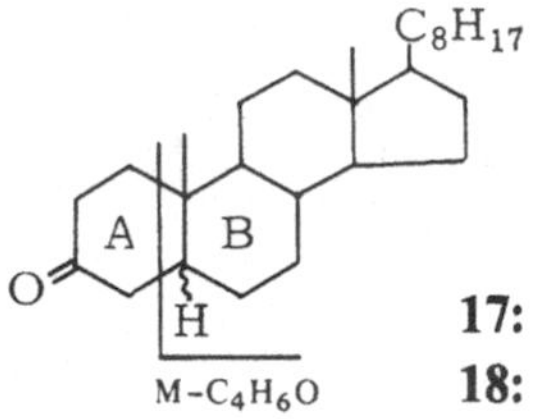

17: 5α-H
18: 5β-H

Rasche Umlagerungsreaktionen können eine Erklärung für die Beispiele sein, bei denen Konfigurationsisomere (Enantiomere liefern immer identische EI-Spektren) kein deutlich unterschiedliches Fragmentierungsverhalten zeigen. So könnte der Verlust von R aus **14** auf eine vorausgehende Isomerisierung der Doppelbindung zurückzuführen sein. Wäre diese sehr viel schneller als die H-Wanderung bei **13**, würde man praktisch keinen Unterschied im Fragmentierungsverhalten von **13** und **14** feststellen. Ein anderer Grund kann sein, dass die Zerfallsreaktionen in einem Teil des Moleküls stattfinden, der von den Chiralitätszentren entfernt liegt, sodass deren Einfluss kaum zum Tragen kommt.

Bei Massenspektren, die durch CI (s. Abschn. 2.2.2) erhalten werden, kommt ein weiterer Faktor hinzu, die Stabilität des Quasi-Molekülions. Insbesondere die Bindung eines Protons in

[M+H]$^+$ durch freie Elektronenpaare beeinflusst stark das Aussehen eines Massenspektrums. So zeigen z. B. Aminosteroide, bei denen ein Proton zwischen einer OH- und einer NH$_2$-Gruppe stabilisiert werden kann (**19**), praktisch nur [M + H]$^+$, während Stereoisomere, bei denen dies nicht möglich ist (**20**), in bedeutendem Ausmaß [M + H – H$_2$O]$^+$ liefern.

12
Weiterführende Literatur

Es gibt mehr als genug Bücher, die sich mit den verschiedensten Gebieten der Massenspektrometrie befassen. In vielen Fällen haben es sich die Herausgeber einfach gemacht: Es handelt es sich um eine Sammlung der Manuskripte einer Fachtagung, die entsprechend heterogen und ohne systematischen Aufbau und daher allenfalls von Interesse für den Fachmann ist. Im Folgenden werden Werke zusammengestellt, die eine sinnvolle Konzeption eines Detailstudiums, aber auch – wenn notwendig – den Einstieg in Spezialwissen ermöglichen sollen. Die Auswahl bedeutet keinerlei Wertung. Es wurde vielmehr versucht, ein Überangebot zu vermeiden. Bereits als Literaturzitate angeführte Arbeiten (Kap. 19) werden nicht wiederholt, ebenso wird auf die Angabe von Werken, die im Buchhandel nicht mehr erhältlich sind, weitgehend verzichtet (grundlegende Werke, für die es keinen neueren Ersatz gibt, werden jedoch aufgeführt).

1. Allgemeine und apparative Grundlagen

E. de Hoffmann, J. Charette, V. Stroobant, *Mass Spectrometry, Principles and Application*, Wiley, Chichester, 2002.

J. R. Chapman, *Practical Organic Mass Spectrometry*, 2. Aufl., Wiley, Chichester, 1995.

K. Levsen, *Fundamental Aspects of Organic Mass Spectrometry*, Verlag Chemie, Weinheim, 1978.

J. H. Gross, *Mass Spectrometry*, Springer, Berlin, 2004.

2. Kopplungstechniken

K. L. Busch, G. L. Glish, S. A. McLuckey, *Mass Spectrometry/Mass Spectrometry – Techniques and Applications of Tandem Mass Spectrometry*, Wiley, New York, 1989.

R. E. Ardrey, *Liquid Chromatography-Mass Spectrometry*, Wiley, Chichester, 2003.

Massenspektrometrie, Fünfte Auflage. H. Budzikiewicz, M. Schäfer
Copyright © 2005 WILEY-VCH Verlag GmbH & Co. KGaA, Weinheim
ISBN: 3-527-30822-9

H.-J. Hübschmann, *Handbuch der GC/MS*, Wiley-VCH, Weinheim, 2001.

3. Anorganische und Komplexchemie

J. R. de Laeter, *Applications of Inorganic Mass Spectrometry*, Wiley, New York, 2001.

F. Adams, R. Gijbels, R. Van Grieken (Herausg.), *Inorganic Mass Spectrometry*, Wiley, New York, 1988.

4. Organische Chemie

H. Budzikiewicz, C. Djerassi, D. H. Williams, *Mass Spectrometry of Organic Compounds*, Holden-Day, San Francisco, 1967.

F. W. McLafferty, F. Turecek, *Interpretation of Mass Spectra*, University Science Books, Mill Valley (jeweils letzte Auflage).

5. Biochemie, Naturstoffchemie u. ä.

C. Dass, *Principles and Practice of Biological Mass Spectrometry*, Wiley, New York, 2001.

W. D. Lehmann, *Massenspektrometrie in der Biochemie*, Spektrum Akad. Verlag, Heidelberg, 1996.

G. Siuzdak, *The Expanding Role of Mass Spectrometry for Biotechnology*, Academic Press, 2003.

R. B. Cole (Herausg.), *Electrospray Ionization Mass Spectrometry*, Wiley, New York, 1997.

G. R. Waller (Herausg.), *Biochemical Applications of Mass Spectrometry*, Wiley, New York, 1972, Ergänzungsband 1980.

M. Kinter, N. E. Sherman, *Protein Sequencing and Identification Using Tandem Mass Spectrometry*, Wiley, New York, 2000.

J. R. Chapman (Herausg.), *Mass Spectrometry of Proteins and Peptides*, Humana Press, Totowa, 2000.

6. Enzyklopädie und periodisch erscheinende Literatur

The Encyclopedia of Mass Spectrometry, M. Gross, R. M. Caprioli (Herausg.). Es sind beginnend mit Herbst 2003 zehn Bände geplant als komprimierte Übersicht aller Gebiete der Massenspektrometrie (http://www.elsevier.com/wps./find/homepage.cws-home).

Advances in Mass Spectrometry (seit 1959), ein bis zwei Bände etwa alle drei Jahre, enthält die Vorträge, die anlässlich der alle drei Jahre stattfindenden International Conference on Mass Spectrometry auf allen Gebieten der Massenspektrometrie gehalten werden.

European Journal of Mass Spectrometry (seit 1995), zweimonatlich, enthält Arbeiten aus dem Bereich der anorganischen, bioorganischen und organischen Massenspektrometrie.

International Journal of Mass Spectrometry (seit 1968; bis 1993...*and Ion Physics*; bis 1998 *and Ion Processes*), mehrere Hefte im Jahr, Arbeiten aus verschiedenen Gebieten der Massenspektrometrie, stark physikalisch und theoretisch orientiert.

Journal of Mass Spectrometry (seit 1995 durch Zusammenschluss der Zeitschriften *Organic Mass Spectrometry* und *Biological Mass Spectrometry*), monatlich, enthält Arbeiten entsprechend den Titeln der Vorgängerzeitschriften sowie in jedem Heft eine Zusammenstellung von aktuellen Publikationen geordnet nach Sachgebieten.

Journal of the American Society of Mass Spectrometry (seit 1990), monatlich, enthält Arbeiten aus allen Gebieten der Massenspektrometrie.

Mass Spectrometry Reviews (seit 1982), zweimonatlich, enthält Übersichtsartikel aus allen Gebieten der Massenspektrometrie sowie Zusammenstellungen von Übersichtsarbeiten und Büchern geordnet nach Sachgebieten.

Rapid Communications in Mass Spectrometry (seit 1987), monatlich, enthält Arbeiten aus verschiedenen Gebieten der Massenspektrometrie.

Specialists Periodical Reports – Mass Spectrometry (seit 1970), alle zwei bis drei Jahre, enthält kritische Übersichten über die in den vorausgehenden Jahren erschienenen Arbeiten.

7. Spektrensammlungen

Es gibt mehrere zehntausend Spektren umfassende allgemeine Datensammlungen wie z. B. *NIST-EPA-NIH Mass Spectral Data Base* (US National Institute of Standards and Technology, 1994) oder *Wiley Registry of Mass Specral Data* (7. Aufl., Wiley, New York 2003), die von fast allen Geräteherstellern für ihre Datenverarbeitungssysteme zusammen mit entsprechenden Such- und Vergleichsalgorithmen (s. Abschn. 2.5) angeboten werden. Daneben gibt es Spezialsammlungen wie

R. A. Hites, *Handbook of Mass Spectra of Environmental Contaminants*, 2. Aufl., CRC Press, Boca Raton, 1992.

K. Pfleger, H. H. Maurer, A. Weber, *Mass Spectral and GC Data of Drugs, Poisons, Pesticides, Pollutants and their Metabolites*, 2. Aufl., Wiley-VCH, Weinheim, 2000.

M. C. Noever de Brauw, J. Bouwman, A. C. Tas, G. F. Lavos, *Compilation of Mass Spectra of Volatile Compounds in Food*, TNO-CIVO Food Analysis Institute, Zeist (immer wieder ergänzte Sammlung).

H. L. J. Makin, J. Nolan, D. J. H. Trafford, *Mass Spectra and GC Data of Steroids*, Wiley-VCH, 1998.

13
Fachausdrücke

Die Ausdrücke in Klammern sind die in der englischsprachigen
Literatur gebräuchlichen. Ist nur der englische Ausdruck angegeben, so wird dieser in der Regel auch in deutschen Texten verwendet. Die Zahlen geben die Abschnitte dieses Buches an, in denen
die Ausdrücke erläutert sind.

a

Analysator (analyzer) (2.3)
Anion (anion) (1)
Atmosphärendruck-Ionisation
 (atmospheric pressure ionizati-
 on) (2.3.1)
Atommasse (atomic mass) (1)
*Audier*sche Regel (*A.* rule) (8.2)
Auflösungsvermögen (resoluti-
 on) (2.3.3)
Auftrittsenergie (appearance energy)
 (1, 7)
Aufrittspotential (appearance
 potential) (1, 7)
auto-CI (2.3.2)

b

Badegas (bath gas) (2.3.2)
base peak (2.4.2)
Beschleuniger-Massenspektrometer
 (accelerator mass spectro-
 meter) (2.3.2)
*Biemann*scher Verschiebungssatz
 (*B.* shift rule) (10.3)
Blasenkammer (bubble chamber)
 Modell (2.2.3)
Bruchstückion (fragment ion)
 (1, 3.2)

c

channeltron electron multiplier
 array (2.4.1)
charged residue model (2.2.4)
charge remote fragmentation (3.6.1)
Chemische Ionisation (chemical
 ionization) (2.2.2)
cold spray ionization (2.2.4)
constant neutral loss (3.6.2, 6.2.2)
Coulomb-Abstoßung (2.2.4)

d

Dalton (1)
Desorptionsverfahren (desorption
 techniques) (2.2.3)
distonische Ionen (distonic
 ions) (8.2)

e

Einlasssystem (inlet system) (2.1.1)
Elektronenaffinität (electron
 affinity) (2.2.1, 2.2.2)
Elektronenionisation (electron
 ionization) (2.2.1)
Elektronenstoßionisation (electron
 impact ionization) (2.2.1)
Elektronenvolt (electron volt) (1)
Electrospray (2.2.4)
Emitter (emitter) (2.2.3)
Energiedispersion (energy
 dispersion) (2.3.3)

Massenspektrometrie, Fünfte Auflage. H. Budzikiewicz, M. Schäfer
Copyright © 2005 WILEY-VCH Verlag GmbH & Co. KGaA, Weinheim
ISBN: 3-527-30822-9

14
Abkürzungen

(Die Zahlen in Klammern geben die entsprechenden Abschnitte dieses Buches an)

A, Ae, AP	Auftrittsenergie, -potenzial (1)
amu	Masseneinheit bezogen auf ^{16}O
API	atmospheric pressure ionization (2.3.1)
CA	collision activation, Stoßaktivierung (3.6)
CAD	collision activated decomposition = CA
CE	charge exchange, Ladungsaustausch (2.2.2, 6.2.1) capillary electrophoresis (Kapillarelektrophorese) (2.2.4)
CI	chemische Ionisation; CI(NO) CI mit NO als Reaktandgas (2.2.2)
CID	collision induced decomposition = CA
CSI	cold spray ionization (2.2.4)
CZE	capillary zone electrophoresis, Kapillarzonenelektrophorese = CE (2.2.4)
D, d	Deuterium
Da	Dalton = u
DADI	direct analysis of daughter ions (3.6.2)
DCI	CI bei Direkteinführung der Probe mit einem speziellen Emitter (2.1.4, 2.2.2)
DEI	Probenverdampfung im Elektronenstrahl (2.1.4)
EC	electron capture, Elektroneneinfang (Bildung von M⁻) (2.2.1)
EI	electron impact, Elektronenstoß (2.2.1)
ESI	electrospray ionisation (2.2.4)
eV	Elektronenvolt (1)
FAB	fast atom bombardment (2.2.3)
FD	Felddesorption (2.2.3)
FI	Feldionisation (2.2.1)
FT-ICR	*Fourier*-transform-ICR (2.3.2)
FWHM	full width half maximum (2.3.3)

Massenspektrometrie, Fünfte Auflage. H. Budzikiewicz, M. Schäfer
Copyright © 2005 WILEY-VCH Verlag GmbH & Co. KGaA, Weinheim
ISBN: 3-527-30822-9

GC	Gaschromatographie
GC/MS	Kopplung eines Gaschromatographen mit einem Massenspektrometer (2.1.1)
I, Ie, IP	Ionisierungsenergie, -potenzial (1)
ICP	inductively coupled plasma (2.2.5)
ICR	Ionen-Cyclotron-Resonanz (2.3.2)
LAMMA	laser microprobe mass spectrometry (2.2.1, 2.2.5)
LC	liquid chromatography (2.2.4, 6.2.1)
LC/MS	Kopplung eines Flüssigchromatographen mit einem Massenspektrometer (2.2.4, 6.2.1)
LOD	lower limit of detection (Nachweisgrenze) (6.3.1)
LSI	liquid secondary ion (MS) = FAB
M^+, $M^{+\bullet}$	Molekülion (1, 3.1)
m^*	metastabiles Ion (3.5)
MALDI	matrix assisted laser desorption/ionization (2.2.3)
m/e	Masse durch Ladung (1, 2), gelegentlich = m/z
MID	multiple ion detection (2.4.2)
MIKE(S)	mass analyzed ion kinetic energy (spectrum) = DADI
MIM	multiple ion monitiring = MID
MIS	multiple ion selection = MID
MRM	multiple reaction monitoring (6.3)
MS	Massenspektrometer, -spektrum usw.
MS^n	Auswahl eines Ions, das dann durch CID zum Zerfall gebracht wird; aus dem Zerfallsspektrum wird wieder ein Ion ausgewählt und zum Zerfall gebracht usw. (n-mal wiederholt) (2.3.2, 3.6)
MS/MS	Tandemmassenspektrometrie (3.6)
MUPI	Multiphotonenionisation (2.2.1)
m/z	Masse durch Ladungszahl (1)
NCI	negative CI (2.2.2)
NI	Negativ-Ionen (Massenspektrometrie)
Pa	*Pascal* (16)
PA	Protonenaffinität (2.2.2)
PB	particle beam (2.2.4)
PD	Plasmadesorption (2.2.3)
PI	Positiv-Ionen (Massenspektrometrie)
ppm	parts per million = 10^{-4}%
PSD	post-source decay, Zerfall hinter der Ionenquelle (bei TOF-Geräten) (3.6.1)
psi	pounds per square inch (16)
QET	quasi-equilibrium theory, Quasi-Gleichgewichts-Theorie (8.2)
Q-TOF	Quadrupol-Flugzeitgerätekombination (2.3.2)
RDA	*Retro-Diels-Alder*-Zerfall (8.4, 9.1.4)
REMPI	resonance-enhanced multiphoton ionization (2.2.1)

RF	Radiofrequenz (2.3.2)
%Σ	% des TI (2.4.2)
SELDI	surface-enhanced laser desorption/ionization (2.2.3)
SEV	Sekundärelektronenvervielfacher (2.3.2, 2.4.1)
SID	single ion detection (2.4.2, 6.2.2)
SIM	single ion monitoring = SID; auch für „selected ion monitoring" als Oberbegriff für SID und MID verwendet
SIMS	secondary ion mass spectrometry (2.2.3, 2.2.5); „liquid SIMS" = FAB
SRM	selected reaction monitoring (6.3)
T	Temperatur; beim Zerfall von Ionen freiwerdende Energie (3.5)
TAP	Trifluoracetyl-aminosäure-isopopylester (2.1.1)
Th	Thomson (m/z 1 = 1 Th) (1)
TI	Totalionenstrom (1, 2.4.2)
TOF	time of flight, Flugzeit (Massenspektrometer) (2.3.2, 3.6.2)
u	Masseneinheit (bezogen auf ^{12}C) (1)

15
Ausgewählte Isotopenmassen und -häufigkeiten [68]

Ordnungs-zahl	Element	Isotopenmasse	Mol-%
1	^{1}H	1,007 825	99,99
	^{2}H	2,014 102	0,01
2	^{3}He	3,016 029	0,0001
	^{4}He	4,002 603	99,9999
3	^{6}Li	6,015 122	7,59
	^{7}Li	7,016 004	92,41
4	^{9}Be	9,012 182	100
5	^{10}B	10,012 941	19,90
	^{11}B	11,009 306	80,10
6	^{12}C	12,000 000	98,93
	^{13}C	13,003 355	1,07
7	^{14}N	14,003 074	99,64
	^{15}N	15,000 109	0,36
8	^{16}O	15,994 915	99,76
	^{17}O	16,999 132	0,04
	^{18}O	17,999 160	0,21
9	^{19}F	18,998 403	100
10	^{20}Ne	19,992 440	90,48
	^{21}Ne	20,993 847	0,27
	^{22}Ne	21,991 386	9,25
11	^{23}Na	22,989 770	100
12	^{24}Mg	23,985 042	78,99
	^{25}Mg	24,985 837	10,00
	^{26}Mg	25,982 593	11,01
13	^{27}Al	26,981 538	100
14	^{28}Si	27,976 927	92,22
	^{29}Si	28,976 495	4,69
	^{30}Si	29,973 770	3,09
15	^{31}P	30,973 762	100
16	^{32}S	31,972 071	94,99
	^{33}S	32,971 459	0,75
	^{34}S	33,967 867	4,25
	^{36}S	35,967 081	0,01

Massenspektrometrie, Fünfte Auflage. H. Budzikiewicz, M. Schäfer
Copyright © 2005 WILEY-VCH Verlag GmbH & Co. KGaA, Weinheim
ISBN: 3-527-30822-9

Ordnungs-zahl	Element	Isotopenmasse	Mol-%
17	^{35}Cl	34,968 853	75,76
	^{37}Cl	36,965 903	24,24
18	^{36}Ar	35,967 546	0,34
	^{38}Ar	37,962 732	0,06
	^{40}Ar	39,962 383	99,60
19	^{39}K	38,963 707	93,26
	^{40}K	39,963 999	0,01
	^{41}K	40,961 826	6,73
20	^{40}Ca	39,962 591	96,94
	^{42}Ca	1,958 618	0,65
	^{43}Ca	42,958 767	0,14
	^{44}Ca	43,955 481	2,09
	^{46}Ca	45,953 693	0,004
	^{48}Ca	47,952 533	0,19
22	^{46}Ti	45,952 630	8,25
	^{47}Ti	46,951 764	7,44
	^{48}Ti	47,947 947	73,72
	^{49}Ti	48,947 871	5,41
	^{50}Ti	49,944 792	5,18
23	^{50}V	49,947 163	0,25
	^{51}V	50,943 964	99,75
24	^{50}Cr	49,946 050	4,35
	^{52}Cr	51,940 512	83,79
	^{53}Cr	52,940 653	9,50
	^{54}Cr	53,938 885	2,37
25	^{55}Mn	54,938 049	100
26	^{54}Fe	53,939 615	5,85
	^{56}Fe	55,934 942	91,75
	^{57}Fe	56,935 398	2,12
	^{58}Fe	57,933 280	0,28
27	^{59}Co	58,933 200	100
28	^{58}Ni	57,935 3477	68,08
	^{60}Ni	59,930 790	26,22
	^{61}Ni	60,931 060	1,14
	^{62}Ni	61,928 348	3,63
	^{64}Ni	63,927 969	0,93
29	^{63}Cu	62,929 601	69,15
	^{65}Cu	64,927 794	30,85
30	^{64}Zn	63,929 146	48,27
	^{66}Zn	65,926 036	27,98
	^{67}Zn	66,927 131	4,10
	^{68}Zn	67,924 847	19,02
	^{70}Zn	69,925 325	0,63
31	^{69}Ga	68,925 581	60,11
	^{71}Ga	70,924 707	39,89
32	^{70}Ge	69,924 250	20,38
	^{72}Ge	71,922 076	27,31

Ordnungs-zahl	Element	Isotopenmasse	Mol-%
	^{73}Ge	72,923 460	7,76
	^{74}Ge	73,921 178	36,72
	^{76}Ge	75,921 403	7,83
33	^{75}As	74,921 597	100
34	^{74}Se	73,922 477	0,89
	^{76}Se	75,919 214	9,37
	^{77}Se	76,919 915	7,63
	^{78}Se	77,917 310	23,77
	^{80}Se	79,916 522	49,61
	^{82}Se	81,916 700	8,73
35	^{79}Br	78,918 338	50,69
	^{81}Br	80,916 291	49,31
36	^{78}Kr	77,920 388	0,36
	^{82}Kr	81,913 485	11,59
	^{83}Kr	82,914 137	11,50
	^{84}Kr	83,911 508	56,99
	^{86}Kr	85,910 615	17,28
40	^{90}Zr	89,904 702	51,45
	^{91}Zr	90,905 643	11,22
	^{92}Zr	91,905 039	17,15
	^{94}Zr	93,906 314	17,38
	^{96}Zr	95,908 275	2,80
44	^{96}Ru	95,907 604	5,54
	^{98}Ru	97,905 287	1,87
	^{99}Ru	98,905 939	12,76
	^{100}Ru	99,904 219	12,60
	^{101}Ru	100,905 582	17,06
	^{102}Ru	101,904 349	31,55
	^{104}Ru	103,905 430	18,62
46	^{102}Pd	101,905 607	1,02
	^{104}Pd	103,904 034	11,14
	^{105}Pd	104,905 083	22,33
	^{106}Pd	105,903 484	27,33
	^{108}Pd	107,903 895	26,46
	^{110}Pd	109,905 153	11,72
47	^{107}Ag	106,905 093	51,84
	^{109}Ag	108,904 756	48,16
48	^{106}Cd	105,906 458	1,25
	^{108}Cd	107,904 183	0,89
	^{110}Cd	109,903 006	12,49
	^{111}Cd	110,904 182	12,80
	^{112}Cd	111,902 758	24,13
	^{113}Cd	112,904 401	12,22
	^{114}Cd	113,903 359	28,73
	^{116}Cd	115,904 756	7,49
50	^{112}Sn	111,904 822	0,97
	^{114}Sn	113,902 783	0,66

Ordnungs-zahl	Element	Isotopenmasse	Mol-%
	^{115}Sn	114,903 347	0,34
	^{116}Sn	115,901 745	14,54
	^{117}Sn	116,902 955	7,68
	^{118}Sn	117,901 608	24,22
	^{119}Sn	118,903 311	8,59
	^{120}Sn	119,902 199	32,58
	^{122}Sn	121,903 441	4,63
	^{124}Sn	123,905 275	5,79
51	^{121}Sb	120,903 822	57,21
	^{123}Sb	122,904 216	42,79
52	^{120}Te	119,904 026	0,09
	^{122}Te	121,903 056	2,55
	^{123}Te	122,904 271	0,89
	^{124}Te	123,902 819	4,74
	^{125}Te	124,904 424	7,07
	^{126}Te	125,903 305	18,84
	^{128}Te	127,904 462	31,74
	^{130}Te	129,906 223	34,08
53	^{127}I	126,904 468	100
54	^{124}Xe	123,905 895	0,10
	^{126}Xe	125,905 895	0,10
	^{128}Xe	127,903 531	1,91
	^{129}Xe	128,904 800	26,40
	^{130}Xe	129,903 509	4,07
	^{131}Xe	130,904 154	21,23
	^{132}Xe	133,905 395	10,44
	^{134}Xe	134,905 395	26,91
	^{136}Xe	135,907 220	8,86
75	^{185}Re	184,952 955	37,40
	^{187}Re	186,955 751	62,60
76	^{184}Os	183,952 491	0,02
	^{186}Os	185,953 838	1,59
	^{187}Os	186,955 748	1,96
	^{188}Os	187,955 836	13,24
	^{189}Os	188,958 145	16,15
	^{190}Os	189,958 445	26,26
	^{192}Os	191,961 479	40,78
78	^{190}Pt	189,959 930	0,014
	^{192}Pt	191,961 035	0,782
	^{194}Pt	193,962 663	32,967
	^{195}Pt	194,964 774	33,832
	^{196}Pt	195,964 934	25,242
	^{198}Pt	197,967 875	7,163
80	^{196}Hg	195,965 814	0,15
	^{198}Hg	197,966 752	9,97
	^{199}Hg	198,968 262	16,87
	^{200}Hg	199,968 309	23,10

Ordnungs-zahl	Element	Isotopenmasse	Mol-%
	^{201}Hg	200,970 285	13,18
	^{202}Hg	201,970 625	29,86
	^{204}Hg	203,973 475	6,87
82	^{204}Pb	203,973 028	1,40
	^{206}Pb	205,974 449	24,10
	^{207}Pb	206,975 880	22,10
	^{208}Pb	207,976 636	52,40
	^{209}Bi	208,980 384	100
83	^{234}U	234,040 945	0,005
92	^{235}U	235,043 922	0,72
	^{238}U	238,050 783	92,27

16
Umrechnungsfaktoren

$1\ u = 1{,}67 . 10^{-27}\ kg$
$1\ e_o = 1{,}6 . 10^{-19}\ C$

$1\ cal = 4{,}18\ J$
$1\ eV = 23{,}0\ kcal = 96{,}14\ kJ$

$1\ Torr = 133{,}3\ Pa = 1{,}333\ mbar$
$1\ mbar = 1\ hPa$
$1\ atm = 1{,}013\ bar = 760\ Torr$
$1\ psi = 0{,}0680\ atm = 0{,}0689\ bar = 51{,}7\ Torr$

$°C = K - 273{,}15 = 5/9 \cdot (°F - 32)$

Massenspektrometrie, Fünfte Auflage. H. Budzikiewicz, M. Schäfer
Copyright © 2005 WILEY-VCH Verlag GmbH & Co. KGaA, Weinheim
ISBN: 3-527-30822-9

17
Lösungen der Aufgaben

Aufgabe 1: Der entstandene Alkohol (MG 388) hat H_2O verloren.

Aufgabe 2: Es ist ein Gemisch von Mono- (MG 290) und Dialkohol (MG 292) entstanden.

Augabe 3: Das Auflösungsvermögen hängt ab von der Breite des Austritts- und des Kollektorspalts, bei Sektorfeldgeräten von der Effizienz der Richtungs- und Geschwindikeitsfokussierung, die ihrerseits wieder Funktionen u. a. der Homogenität und der zeitlichen Konstanz der Ablenkungsfelder sind. Die Messgenauigkeit hängt (abgesehen von der Notwendigkeit einer genügend hohen Auflösung zur Aufspaltung evtl. vorhandener Multipletts) u. a. ab von der zeitlichen Konstanz der Ablenkungsfelder und der Genauigkeit, mit der U_1 und U_2 (bei Peakmatching) sowie die Lage des Signals bestimmt werden können bzw. der Genauigkeit der Eichkurve.

Aufgabe 4: Das geringste $\Delta m = 0{,}0112$ u (CO/N_2). Nach Gl. 13 ist daher $A = m/\Delta m = 28/0{,}0113 \sim 2500$.

Aufgabe 5: $58^2/100 = 33{,}6$, daher ist m/z 58 aus m/z 100 entstanden.

Aufgabe 6: Es handelt sich um $C_6H_5CO^+$, da der ^{13}C-Satellit von $[C_6H_5COCOC_6H_5]^{2+}$ bei m/z 105,5 (= 211/2) erscheinen müsste.

Aufgabe 7: Die Isotopenverteilung ergibt sich aus der Gleichung $(i_{79_{Br}} + i_{81_{Br}})^2 \cdot (i_{64_{Zn}} + i_{66_{Zn}} + i_{67_{Zn}} + i_{68_{Zn}} + i_{70_{Zn}})$.

Aufgabe 8: Cholestanon wird zu Cholestanol-d_0 (MG 388) und zu Cholastanol-d_1 (MG 389) reduziert.

Massenspektrometrie, Fünfte Auflage. H. Budzikiewicz, M. Schäfer
Copyright © 2005 WILEY-VCH Verlag GmbH & Co. KGaA, Weinheim
ISBN: 3-527-30822-9

m/z	rel. Int.	Isotopenkombination	An-teile	rel. Int.	^{2}H-Gehalt
388	10	$^{12}C_{27}{}^1H_{48}O$	10		9% d_0
389	100	$^{12}C_{26}{}^{13}C_1{}^1H_{48}O + {}^{12}C_{27}{}^1H_{47}{}^2H_1O$	3		
390	29	$^{12}C_{25}{}^{13}C_2{}^1H_{48}O + {}^{12}C_{26}{}^{13}C_1{}^1H_{47}{}^2H_1O$	–	97	91% d_1
391	4	$^{12}C_{25}{}^{13}C_2{}^1H_{47}{}^2H_1O$	4	29	

Das verwendete $LiAlD_4$ enthielt 91% D und 9% H. Bei der Auswahl des Ketons ist darauf zu achten, dass ein Alkohol gebildet wird, der ein intensives $M^{+\bullet}$ und keine „M + 1“- und „M − 1“-Ionen aufweist.

Aufgabe 9: $Fe_2(CO)_9$. Das Isotopenmuster berechnet sich nach ($i_{54_{Fe}}$ + $i_{56_{Fe}}$ + $i_{57_{Fe}}$)$^2 \cdot (i_1 + i_2 + i_3)$, wobei $i_1 = 100$, $i_2 = 10$ und $i_3 = 0{,}4$ ist (i_1, i_2 und i_3 sind die rel. Int. der Isotopenpeaks von C, s. Abschn. 5.1).

Aufgabe 10: $D(CH_3CF_3) = AP(CF_3^+) − IP(CF_3^{\bullet}) = 3{,}7$ eV = 355 kJ/mol.

Aufgabe 11: $AP(CO^+) = D(CO_2) + IP(CO)$; $D(CO_2) = 19{,}5 − 14{,}0 = 5{,}5$ eV
$AP(C^+) = D(CO_2) + D(CO) + IP(C)$; $D(CO) = 27{,}8 − 5{,}5 − 11{,}3 = 11$ eV
$AP(CO^+) = IP(CO_2) + D(CO_2^+)$; $D(CO_2^+) = 19{,}5 − 13{,}8 = 5{,}7$ eV
$AP(C^+) = AP(CO^+) + D(CO^+)$; $D(CO^+) = 27{,}8 − 19{,}5 = 8{,}3$ eV.

Aufgabe 12: $\Delta H(C_2H_2^{+\bullet})$ lässt sich nach Gl. 27 berechnen für

a) $AP(C_2H_2^{+\bullet}) = \Delta H(C_2H_2^{+\bullet}) + \Delta H(H_2) − \Delta H(C_2H_4)$; $\Delta H(C_2H_2^{+\bullet})$ = 3,74 eV

b) $AP(C_2H_2^{+\bullet}) = \Delta H(C_2H_2^{+\bullet}) + 2\Delta H(H^{\bullet}) − H(C_2H_4)$; $\Delta H(C_2H_2^{+\bullet})$ = 9,24 eV

$\Delta H(C_2H_2^{+\bullet})$ lässt sich andererseits aus der Reaktion $C_2H_2 \rightarrow C_2H_2^{+\bullet}$ berechnen nach G. 26:

$$\Delta H = IP(C_2H_2) = \Delta H(C_2H_2^{+\bullet}) − \Delta H(C_2H_2); \quad \Delta H(C_2H_2^{+\bullet}) = 13{,}76 \text{ eV}$$

Dieser Wert stimmt mit dem nach a) berechneten überein, was für eine Abspaltung von H_2 bei der Bildung von $C_2H_2^{+\bullet}$ aus C_2H_4 spricht.

Aufgabe 13: $C_{35}H_{72}$ muss ein Alkan sein (C_nH_{2n+2}), und zwar nach den NMR-Daten ein Dimethyl-tritriacontan, bei dem die beiden Methylgruppen nicht an demselben C-Atom (CH!) stehen. Dem Alkan kommt daher die Formel

$$CH_3-(CH_2)_x-CH-(CH_2)_y-CH-(CH_2)_z-CH_3$$
$$\qquad\qquad | \qquad\qquad |$$
$$\qquad\quad CH_3 \qquad CH_3$$

zu. Die angegebenen Fragmente sind Alkylionen der allgemeinen Formel ($C_nH_{2n+1}^+$: m/z 113 $C_8H_{17}^+$, m/z 197 $C_{14}H_{29}^+$, m/z 323 $C_{23}H_{47}^+$, m/z 407 $C_{29}H_{59}^+$). Ihre erhöhte Intensität deutet darauf hin, dass sie durch Spaltung an den Verzweigungsstellen entstanden sind. Sie entsprechen daher den Bruchstücken

a: $CH_3(CH_2)_xCH^+$ a = 15 + 14x + 28 = 14x + 43
           $|$
           CH_3

b: $^+CH-(CH_2)y-CH-(CH_2)_zCH_3$
            $| \qquad\qquad |$
          $CH_3 \qquad CH_3$

$$b = 28 + 14y + 28 + 14z + 15$$
$$= 14y + 14z + 71$$

c: $CH_3(CH_2)_x-CH-(CH_2)_y-CH^+$
            $| \qquad\qquad\quad |$
         $CH_3 \qquad\qquad CH_3$ c = 15 + 14x + 28 + 14y + 28
$$= 14x + 14y + 71$$

d: $^+CH-(CH_2)_zCH_3$
            $|$
         CH_3 d = 28 + 14z + 15 = 14z + 43

Sowohl a + b als auch c + d ergänzen sich zum Gesamtmolekül, wobei jeweils die Einheit $CHCH_3$ (28 u) doppelt auftritt. Es muss also

a + b − 28 = 492 → a + b = 520
c + d − 28 = 492 → c + d = 520

sein, sodass den Paaren a, b und c, d die Zahlenpaare 197 + 223 und 113 + 407 zukommen (es ist dabei gleichgültig, welches Zahlenpaar man a, b bzw. c, d zuordnet; man kann sich durch die Rechnung überzeugen, dass man zum selben Ergebnis kommt). Weiterhin muss c > a und b > d sein (s. Formeln). Daraus folgt, dass gleichgültig ob a = 197 oder 323 ist, c = 407 sein muss (113 ist kleiner als diese beiden Zahlen), und somit d = 113.

Da d = 14z + 43 ist, ist z = 5. Soweit ist die Aufgabe eindeutig lösbar.

Für a = 197 ist x = 11 und y = 13 und die Struktur

$$\overset{197}{\overbrace{\qquad}} \qquad \overset{407}{\overbrace{\qquad}}$$

$$CH_3\text{-}(CH_2)_{11}\big\{CH\big\}(CH_2)_{13}\big\{CH\big\}(CH_2)_5\text{-}CH_3$$

$$\qquad\qquad\;\; CH_3 \qquad\qquad CH_3$$

$$\qquad\qquad \underset{323}{\underbrace{\qquad}} \qquad \underset{113}{\underbrace{\qquad}}$$

Für a = 323 ist $x = 20$ und $y = 4$ und die Struktur

$$\overset{323}{\overbrace{\qquad}} \qquad \overset{407}{\overbrace{\qquad}}$$

$$CH_3\text{-}(CH_2)_{20}\big\{CH\big\}(CH_2)_4\big\{CH\big\}(CH_2)_5\text{-}CH_3$$

$$\qquad\qquad\;\; CH_3 \qquad\qquad CH_3$$

$$\qquad\qquad \underset{197}{\underbrace{\qquad}} \qquad \underset{113}{\underbrace{\qquad}}$$

Beide Strukturen entsprechen dem angegebenen Fragmentierungsverhalten (s. auch Aufgabe 30).

Aufgabe 14: Die Molekülmasse des Alkans $C_{30}H_{62}$ wäre 422. Diese Masse ist jedoch – abgesehen vom ^{13}C-Satelliten von m/z 421 nur in geringem Maße vorhanden. m/z 436 entspricht $C_{31}H_{64}$. Wie aus Abb. 37 hervorgeht, haben die wichtigsten Fragmentionen eines Alkans die Zusammensetzung C_nH_{2n+1}; man würde also für $C_{31}H_{64}$ die folgenden Bruchstücke erwarten: m/z 421, 407, 393, 379...mit ansteigender Intensität. Aus diesem Muster fällt m/z 408 heraus und kann daher nicht zum Spektrum von $C_{31}H_{64}$ gehören. Es handelt sich um ein weiteres Molekülion ($C_{29}H_{60}$). Das Spektrum stammt somit von einem Gemisch, das im Wesentlichen aus $C_{29}H_{60}$ und $C_{31}H_{64}$ (etwa 1 : 1) besteht. Kontrolle durch Aufnahme bei niedriger Anregungsenergie, mittels FI oder GC/MS! Die Verbrennungsanalyse hatte natürlich den Mittelwert ($C_{30}H_{62}$) ergeben.

Aufgabe 15: Aus der Molekülmasse lässt sich die Summenformel $C_{11}H_{16}$ ableiten. Da m/z 91 das intensivste Ion im Spektrum ist, kann man von dem Strukturelement $C_6H_5CH_2$ ausgehen. Das Ion m/z 92 (zu intensiv für den ^{13}C-Satelliten von m/z 91!) muss durch *McLafferty*-Umlagerung entstanden sein, woraus sich das Vorliegen der Partialstruktur $C_6H_5CH_2$-C-CH ableiten lässt. Hiermit im Einklang stehen die folgenden Alternativen:

$C_6H_5\text{-}CH_2\text{-}CH_2\text{-}CH_2\text{-}CH_2\text{-}CH_3$
$C_6H_5\text{-}CH_2\text{-}CH_2\text{-}CH(CH_3)_2$
$C_6H_5\text{-}CH_2\text{-}CH(CH_3)\text{-}CH_2\text{-}CH_3$
$C_6H_5\text{-}CH_2\text{-}C(CH_3)_2\text{-}CH_3$

Die gleichmäßige Intenstitätsabnahme der Ionen der Reihe 91, 105, 119, 133 spricht für eine unverzweigte Kette (vgl. Abschn. 9.1.5); es handelt sich tatsächlich um *n*-Pentylbenzol.

Aufgabe 16: Die chrakteristischen α-Spaltfragmente müssen der Reihe *m/z* 31, 45, 59, 73, 87, 101 angehören. Die intensivsten Ionen dieser Serie in Abb. 46 sind *m/z* 87 (M – C_2H_5) und 59 (M – C_4H_9). Es handelt sich also um ein Butyl-ethyl-carbinol, konkret um *n*-Heptan-3-ol.

m/z 98...$M^{+\bullet}$ – H_2O
m/z 69...*m/z* 87 – H_2O
m/z 41...*m/z* 59 – H_2O

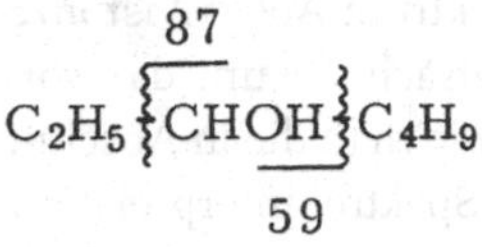

$$C_2H_5 \overbrace{\{CHOH\}}^{87}_{59} C_4H_9$$

Aufgabe 17:

m/z 71

m/z 57   *m/z* 71

m/z 57   *m/z* 71

m/z 57

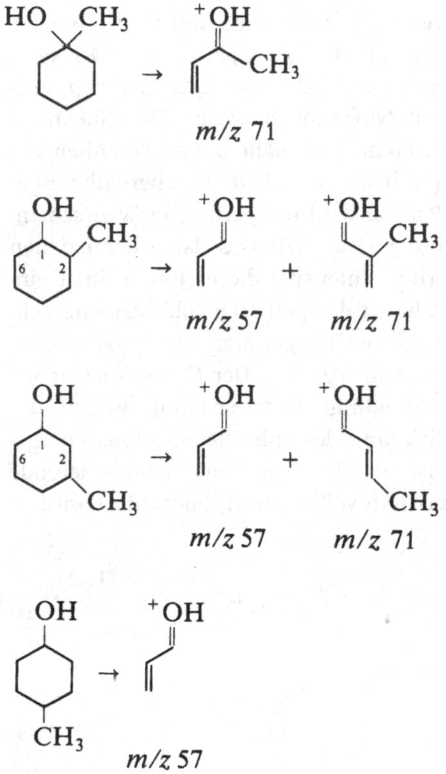

Da im Spektrum sowohl m/z 57 als auch m/z 71 zu finden ist, muss es sich um 2- oder 3-Methylcyclohexanol handeln. Eine Unterscheidung ist aufgrund folgender Überlegungen möglich: Bei 2-Methylcyclohexanol liefert α-Spaltung der 1,2-Bindung ein sekundäres Radikal an C-2, die der 1,6-Bindung ein primäres an C-6. Nach dem in Abschn. 8.2 Gesagten läuft der energetisch günstigere Prozess (1,2-Spaltung) bevorzugt ab; m/z 57 wäre daher mit höherer Intensität zu erwarten. Bei 3-Methylcyclohexanol führt sowohl 1,2- wie auch 1,6-Spaltung zu einem primären Radikal, die beiden konkurrierenden α-Spaltschritte werden daher mit etwa gleicher Geschwindigkeit ablaufen, ebenso die nachfolgenden H-Wanderungen von C-6 nach C-2 bzw. von C-2 nach C-6. Das Ion m/z 71 ist aber durch den +I-Effekt der Methylgruppe besser stabilisiert als m/z 57, sodass die Bildung von m/z 71 bevorzugt ist. Im Spektrum Abb. 52 ist m/z 71 intensiver als m/z 57; es handelt sich tatsächlich um das von 3-Methylcyclohexanol. Ein schönes Beispiel, wie man die in Abschn. 8.2 skizzierten Energiebetrachtungen in die Spektreninterpretation einbeziehen kann.

Aufgabe 18: Aus der Molekülmasse lässt sich errechnen, dass es sich um ein mit einem C_4-Rest substituiertes Phenol handelt. Der Basispeak m/z 121 entspricht der Abspaltung von $C_2H_5^\bullet$ (Benzylspaltung), woraus die Anwesenheit einer C_3-Kette folgt. Es kann sich bei der fraglichen Verbindung daher um eine Methyl-propylphenol oder um ein *sec*-Butylphenol handeln. Das Spektrum stammt tatsächlich von letzterem. Man hätte die Anwesenheit des Ions der Masse m/z 135 (Verlust von CH_3 durch alternative Benzylspaltung; das kleinere Radikal wird mit geringerer Wahrscheinlichkeit verloren; s. Abschn. 8.2) als Hinweis dafür heranziehen können, doch lässt die geringe Intensität dieses Ions keinen eindeutigen Schluss zu. Auffällig ist das praktisch vollkommene Fehlen von $[M - C_2H_4]^{+\bullet}$ (*McLafferty*-Umlagerung; m/z 92 ist im Wesentlichen der Isotopenpeak von m/z 91). Der Grund hierfür ist, dass bei der *p*-Hydroxyverbindung Benzylspaltung wegen der möglichen Resonanzstabilisierung des entstehenden Ions energetisch besonders günstig ist, so dass die sonst konkurrierende *McLafferty*-Umlagerung praktisch vollkommen unterdrückt wird.

Aufgabe 19:

$$CH_3\text{-}CH_2\text{-}\overset{+}{\underset{CH_3}{C}H}\text{-}\overset{+}{O}\text{=}CH_2 \xleftarrow{\;-CH_3^\bullet\;} CH_3\text{-}CH_2\text{-}\overset{57\quad 29}{\underset{CH_3}{C}H\overset{\cdot}{\underset{\cdot}{|}}O\overset{\cdot}{\underset{\cdot}{|}}CH_2\text{-}CH_3} \xrightarrow{\;-C_2H_5^\bullet\;} CH_3\text{-}CH\text{=}\overset{+}{O}\text{-}CH_2\text{-}CH_3$$

m/z 87   *m/z* 73

$\downarrow -C_4H_8$ $\downarrow -CH_3^\bullet$ $\downarrow -C_2H_4$

$\overset{+}{HO}\text{=}CH_2$ $CH_3\text{-}CH_2\text{-}CH\text{=}\overset{+}{O}\text{-}CH_2\text{-}CH_3$ $CH_3\text{-}CH\text{=}\overset{+}{OH}$

m/z 31   *m/z* 87   *m/z* 45

$\downarrow -C_2H_4$

$CH_3\text{-}CH_2\text{-}CH\text{=}\overset{+}{OH}$

m/z 59

Aufgabe 20: Es handelt sich um Diphenlyether. Im Spektrum zu erkennen sind $[M - H]^+$, $[M - CO]^{+\bullet}$, $[M - CHO]^+$ (s. Text), $C_6H_5^+$ (*m/z* 77), das durch Abspaltung von C_2H_2 (*m/z* 51) weiter zerfällt (s. Abschn. 8.4).

Aufgabe 21: Als α-Spaltprodukte kommen nur die Ionen *m/z* 58 ($M - C_4H_9$) und 100 ($M - CH_3$) in Frage (da andere α-Spaltprodukte mit etwa gleicher Intensität wie *m/z* 58 und 100 entstehen müssten, können die Peaks geringer Intensität keine α-Spaltprodukte sein). Das Auftreten eines m^* beweist, dass *m/z* 58 aus *m/z* 100 (Verlust von C_3H_6; Eliminierung von C_nH_{2n} aus einem α-Spaltprodukt durch *onium*-Reaktion oder *McLafferty*-Umlagerung) entstanden ist, schließt aber *a priori* nicht aus, dass *m/z* 58 *auch* durch α-Spaltung ($M - C_4H_9$) gebildet werden könnte, d. h., dass ein Ion auf zwei verschiedenen Wegen entsteht.

Verlust von $CH_3^\bullet$ durch α-Spaltung setzt die Anwesenheit einer $N\text{-}CH_2\text{-}CH_3$, $N\text{-}CH(CH_3)_2$ oder $N\text{-}C(CH_3)_3$-Gruppierung voraus, der nachfolgende Verlust von C_3H_6 die zusätzliche Anwesenheit eines C_3H_7-Restes. C_3H_7 kann nur eine $(CH_3)_2CH$-Gruppe sein, da jede längere Kette zu zusätzlichen α-Spaltprodukten führen würde. Es sind daher folgende Partialstrukturen möglich:

$$i\text{-}C_3H_7\text{-}\underset{|}{N}\text{-}CH_2\text{-}CH_3, \quad i\text{-}C_3H_7\text{-}\underset{|}{N}\text{-}CH(CH_3)_2, \quad i\text{-}C_3H_7\text{-}\underset{|}{N}\text{-}C(CH_3)_3$$

           a   **b**   **c**

Das Ion $M - CH_3 - C_3H_6$ besitzt eine Masse von *m/z* 58 und damit die Zusammensetzung C_3H_8N. Die Partialstrukturen **a**, **b** und **c** lassen sich daher folgendermaßen erweitern:

$$M^+ \quad i\text{-}C_3H_7\text{-}\underset{\underset{CH_3}{|}}{\underset{|}{N}}\text{-}CH_2\text{-}CH_3 \quad i\text{-}C_3H_7\text{-}\underset{\underset{CH_3}{|}}{N}\text{-}CH\overset{CH_3}{\underset{CH_3}{\big\langle}} \quad i\text{-}C_3H_7\text{-}\underset{\underset{H}{|}}{N}\text{-}C(CH_3)_3$$

$$\mathbf{a'} \qquad\qquad \mathbf{b'} \qquad\qquad \mathbf{c'}$$

$$-CH_3\cdot \Big\downarrow \qquad\qquad -CH_3\cdot \Big\downarrow \qquad\qquad -CH_3\cdot \Big\downarrow$$

$$\begin{array}{c} m/z \\ 100 \end{array} \quad i\text{-}C_3H_7\text{-}\overset{+}{\underset{\underset{CH_3}{|}}{\underset{|}{N}}}{=}CH_2 \qquad i\text{-}C_3H_7\text{-}\overset{+}{\underset{\underset{CH_3}{|}}{N}}{=}CH\text{-}CH_3 \qquad i\text{-}C_3H_7\text{-}\overset{+}{\underset{\underset{H}{|}}{N}}{=}C(CH_3)_2$$

$$\mathbf{d} \qquad\qquad \mathbf{e} \qquad\qquad \mathbf{f}$$

$$-C_3H_6 \Big\downarrow \qquad\qquad -C_3H_6 \Big\downarrow \qquad\qquad -C_3H_6 \Big\downarrow$$

$$m/z\ 58 \quad H\text{-}\overset{+}{\underset{\underset{CH_3}{|}}{\underset{|}{N}}}{=}CH_2 \qquad H\text{-}\overset{+}{\underset{\underset{CH_3}{|}}{N}}{=}CH\text{-}CH_3 \qquad H\text{-}\overset{+}{\underset{\underset{H}{|}}{N}}{=}C(CH_3)_2$$

$$\mathbf{g} \qquad\qquad \mathbf{h} \qquad\qquad \mathbf{i}$$

Somit sind **a′**, **b′** und **c′** die einzig möglichen Strukturen. Keine von ihnen enthält eine C_5H_{11}-Gruppe, die die Voraussetzung für die Bildung von m/z 58 durch α-Spaltung (Verlust von $C_4H_9^{\bullet}$) wäre. Diese Alternative ist somit ausgeschlossen.

Die Struktur **a′** lässt sich streichen, da **d** weiter zu **g** und zu **j** zerfallen würde, m/z 72 jedoch fehlt. Außerdem wäre für das alternative α-Spaltprodukt **d′** als weiteres Zerfallsprodukt **k** zu erwarten, das die gleiche Masse wie **j** hat und somit ebenfalls fehlt.

$$i\text{-}C_3H_7\text{-}\overset{+}{\underset{\underset{H}{|}}{N}}{=}CH_2 \qquad CH_3\text{-}CH{=}\overset{+}{\underset{\underset{CH_3}{|}}{\underset{|}{N}}}\text{-}CH_2\text{-}CH_3 \longrightarrow CH_3\text{-}CH{=}\overset{+}{\underset{\underset{CH_3}{|}}{\underset{|}{N}}}\text{-}H$$

$$\mathbf{j},\ m/z\ 72 \qquad\qquad \mathbf{d'} \qquad\qquad \mathbf{k},\ m/z\ 72$$

In ähnlicher Weise kann man **c′** ausschließen, da das alternative α-Spaltprodukt **f** C_4H_8 zu **l** verlieren würde, m/z 44 aber fehlt.

$$CH_3\text{-}CH{=}\overset{+}{\underset{\underset{H}{|}}{N}}\text{-}C(CH_3)_3 \longrightarrow CH_3\text{-}CH{=}\overset{+}{\underset{\underset{H}{|}}{N}}\text{-}H$$

$$\mathbf{f} \qquad\qquad\qquad \mathbf{l},\ m/z\ 44$$

Dem fraglichen Amin kommt somit die Struktur **b′** (Diisopropyl-methyl-amin) zu.

Die Quintessenz dieser Überlegungen ist, dass man die verschiedenen möglichen Alternativen dahingehend prüft, ob die für sie erwarteten Zerfallsprodukte im Spektrum zu finden sind oder nicht, und auf diese Weise die Zahl der möglichen Varianten immer mehr einschränkt. Auf diesem Eliminierungsverfahren beruhen letztlich auch Computer-Programme, die zur Spektreninterpretation entwickelt worden sind.

Aufgabe 22:

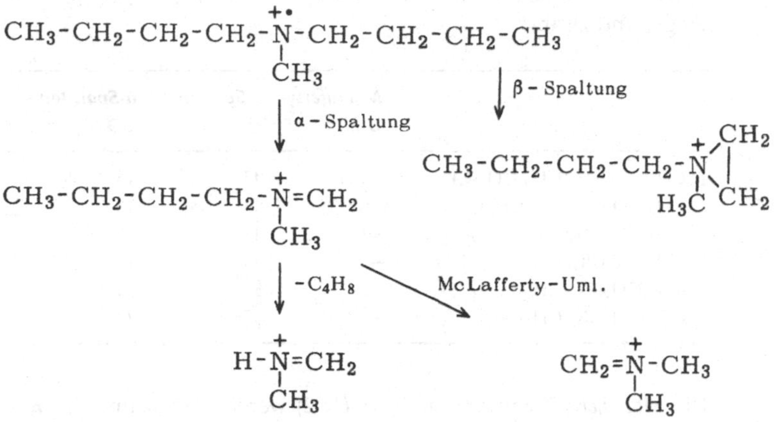

$$CH_3-CH_2-CH_2-CH_2-\overset{+\bullet}{\underset{\underset{\displaystyle CH_3}{|}}{N}}-CH_2-CH_2-CH_2-CH_3$$

β – Spaltung

α – Spaltung

$$CH_3-CH_2-CH_2-CH_2-\overset{+}{\underset{\underset{\displaystyle CH_3}{|}}{N}}=CH_2$$

$$CH_3-CH_2-CH_2-CH_2-\overset{+}{\underset{\underset{\displaystyle H_3C}{|}}{N}}\overset{\displaystyle CH_2}{\underset{\displaystyle CH_2}{|}}$$

$-C_4H_8$ McLafferty-Uml.

$$H-\overset{+}{\underset{\underset{\displaystyle CH_3}{|}}{N}}=CH_2$$

$$CH_2=\overset{+}{\underset{\underset{\displaystyle CH_3}{|}}{N}}-CH_3$$

Aufgabe 23:

$$C_7H_{15}-\overset{}{\underset{\underset{\displaystyle O}{\diagdown}}{CH}}-CH-C_6H_{13} \quad \xrightarrow{(CH_3)_2NH}$$

M-85   M-115

$$C_7H_{15}-CHOH\{CH\{C_6H_{13} \; + \; C_7H_{15}\{CH\{CHOH-C_6H_{13}$$
$$N(CH_3)_2 \qquad\qquad N(CH_3)_2$$

M-129   M-99

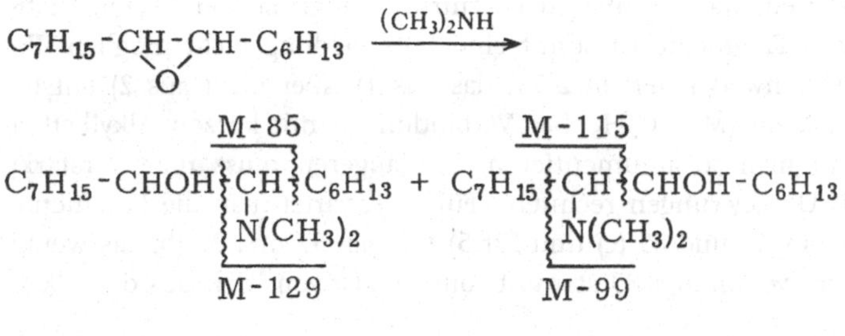

Aufgabe 24:

m/z	
232/234/236	$M^{+\bullet}$
213/215/217	$[M - F]^+$
197/199	$[M - Cl]^+$
163/165/167	$[M - CF_3]^+$
147/149	$[M - CClF_2]^+$ (Umlagerung!)
109/111	$[M - CClF_4]^+$
93	$[M - CCl_2F_3]^+$
69	CF_3^+

Aufgabe 25:

$$C_6H_5\text{-}CO\text{-}CH_3 \longrightarrow C_6H_5CO^+ \overset{*}{\longrightarrow} C_6H_5^+ \xrightarrow{-C_2H_2} C_4H_3$$

m/z 120 $\qquad$ m/z 105 $\qquad$ m/z 77 $\qquad$ m/z 51

$$CH_3CO^+$$

m/z 43

Aufgabe 26: Es kommen Butyl-methyl- und Ethyl-propyl-ketone in Frage, und zwar

	McLafferty-Uml.	α-Spaltung		α-Spalt-Ion − CO	
1. $CH_3\text{-}CO\text{-}CH_2\text{-}CH_2\text{-}CH_2\text{-}CH_3$	58	43	85	15	57
2. $CH_3\text{-}CO\text{-}CH_2\text{-}CH(CH_3)_2$	58	43	85	15	57
3. $CH_3\text{-}CO\text{-}CH(CH_3)_2\text{-}CH_2\text{-}CH_3$	72	43	85	15	57
4. $CH_3\text{-}CO\text{-}C(CH_3)_3$	−	43	85	15	57
5. $CH_3\text{-}CH_2\text{-}CO\text{-}CH_2\text{-}CH_2\text{-}CH_3$	72	57	71	29	43
6. $CH_3\text{-}CH_2\text{-}CO\text{-}CH(CH_3)_2$	−	57	71	29	43

Die *McLafferty*-Fragmente m/z 58 (1, 2) werden bei a) und d), m/z 72 (3, 5) bei b) (zu intensiv für einen ^{13}C-Satelliten von m/z 71!) und c) beobachtet. Die Strukturen 4) und 6) entfallen somit.

Sowohl für 1) und 2) würde man die Ionen m/z 43, 57 und 85 erwarten, was bei a) und d) zutrifft. Aufgrund der charakteristischen Fragmente ist somit eine Entscheidung nicht möglich. Einen Hinweis liefert m/z 71, das aus 1), aber nicht aus 2) entstehen kann (M − C_2H_5; bei Verbindungen mit kurzen Alkylketten kann man so argumentieren, bei längeren muss man verstärkt mit Umlagerungen rechnen). Für 3) erwartet man die Fragmente m/z 43, 57 und 85 (c) und für 5) m/z 43, 57 und 71 (b; das wenig intensive Ion m/z 85 stammt vom Verlust von $^\bullet CH_3$ aus der Alkylkette).

a: 1, b: 5, c: 3, d: 2.

Aufgabe 27:

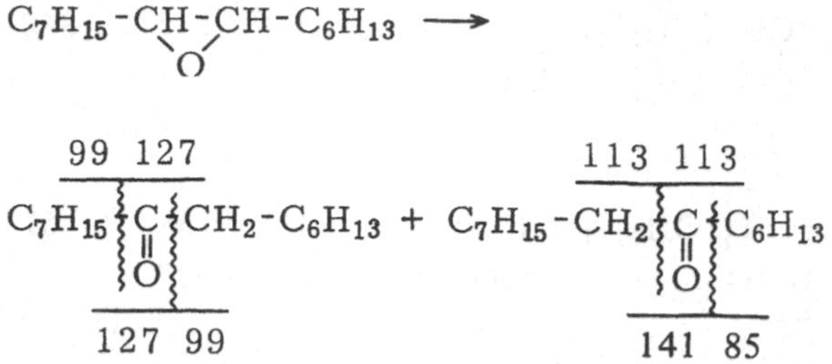

$$C_7H_{15}-\underset{\underset{O}{\diagup\diagdown}}{CH}-CH-C_6H_{13} \longrightarrow$$

$$\overset{99\ 127}{C_7H_{15}\underset{\underset{127\ 99}{}}{\overset{}{}}C\underset{\overset{\|}{O}}{}CH_2-C_6H_{13}} \ + \ C_7H_{15}-CH_2\underset{\overset{\|}{O}}{\overset{113\ 113}{C}}C_6H_{13}$$

| 127 99 | 141 85 |

McL.-Uml.: m/z 142   156, 128

Aufgabe 28:

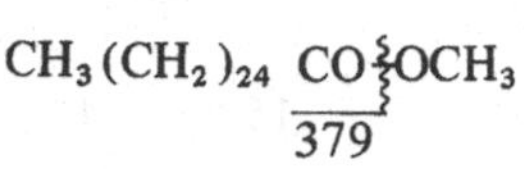

$$CH_3(CH_2)_{24}\ \underset{379}{CO\ OCH_3}$$ McL.-Uml.: m/z 74

$(CH_2)_n COOCH_3$ m/z 87, 101, 115..., wobei $(CH_2)_{4n+2}COOCH_3$ (m/z 87, 143, 199, 255, 311, 367) herausragen.

Aufgabe 29: Das intensive Ion m/z 149 weist auf einen höheren Phthalester hin. Die Bildung von m/z 205 und 233 lässt auf Dibutylphthalat schließen.

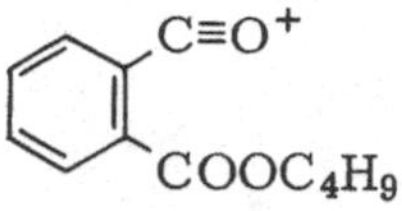

m/z 205 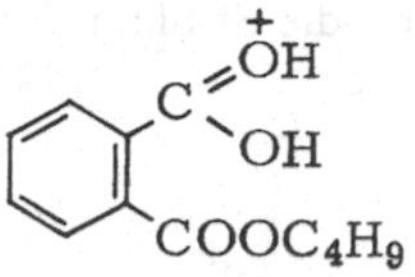 m/z 223

Im unteren Massenbereich kann man m/z 121 (149 − CO), 104 ($C_6H_5CO^{+\bullet}$) und 76 ($C_6H_4^{+\bullet}$) zuordnen.

Aufgabe 30: Da der Ester und das in Aufgabe 13 beschriebene Alkan das gleiche Kohlenstoffskelett besitzen, muss die $COOCH_3$-Gruppe des Esters einer der CH_3-Gruppen des Alkans entsprechen. Die beiden geradzahligen Fragmente (m/z 158 und 452) müssen durch *McLafferty*-Umlagerung entstanden sein (einfache Bindungsspaltung führt bei CHO-Verbindungen zu ungeradzahligen Fragmenten). Die $COOCH_3$-Gruppe kann nicht am Kettenende stehen, da RCH_2COOCH_3 als *McLafferty*-Umlagerungs-Ion $[CH_2=C(OH)OCH_3]^{+\bullet}$ (m/z 74) ergeben würde. Es kommen somit folgende Strukturen in Frage:

McLafferty-
Ionen

1. $CH_3-(CH_2)_{11}-\underset{\underset{COOCH_3}{|}}{CH}-(CH_2)_{13}-\underset{\underset{CH_3}{|}}{CH}-(CH_2)_5-CH_3$ 242   368

$\overline{197}$

2. $CH_3-(CH_2)_{11}\{\underset{\underset{CH_3}{|}}{CH}\}(CH_2)_{13}-\underset{\underset{COOCH_3}{|}}{CH}-(CH_2)_5-CH_3$ 158   452

$\underline{367}$

3. $CH_3(CH_2)_{20}-\underset{\underset{COOCH_3}{|}}{CH}-(CH_2)_4-\underset{\underset{CH_3}{|}}{CH}-(CH_2)_5-CH_3$ 242   368

$\overline{323}$

4. $CH_3(CH_2)_{20}\{\underset{\underset{CH_3}{|}}{CH}\}(CH_2)_4-\underset{\underset{COOCH_3}{|}}{CH}-(CH_2)_5-CH_3$ 158   452

$\underline{241}$

Die beobachteten *McLafferty*-Ionen lassen sich mit 2) und 4) vereinbaren. Die Fragmente *m/z* 197 und 367 sind durch Spaltung der Bindungen benachbart zur $>$CH-CH$_3$-Gruppe entstanden; somit kommt dem Ester die Struktur 2) zu.

Aufgabe 31:
Zu Abb. 77

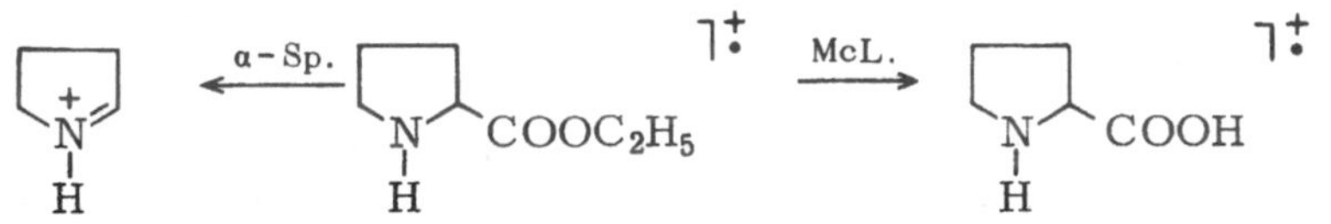

m/z 70   M$^+$, *m/z* 143   *m/z* 115

Zu Abb. 78

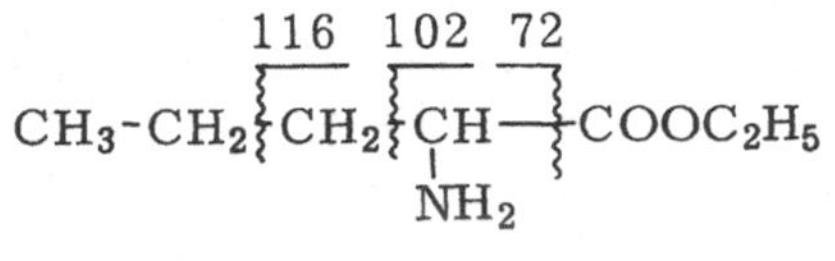

116 102 72

$CH_3-CH_2\{CH_2\{\underset{\underset{NH_2}{|}}{CH}-\}COOC_2H_5$ *m/z* 72 $\longrightarrow$ *m/z* 30

M$^+$ *m/z* 145

Aufgabe 32:

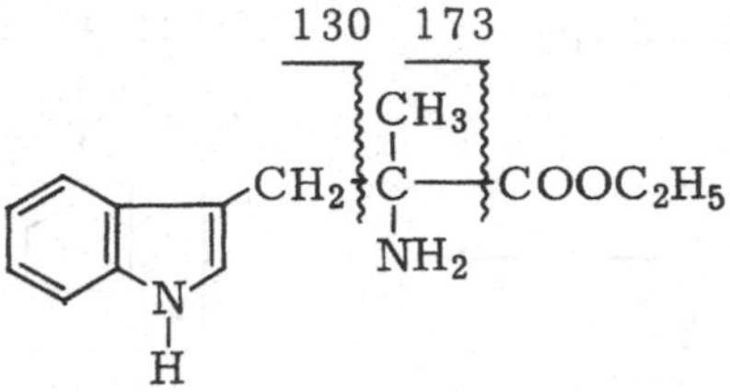

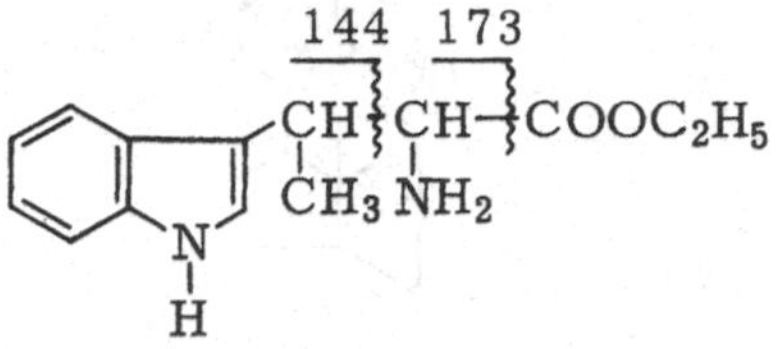

Aufgabe 33:

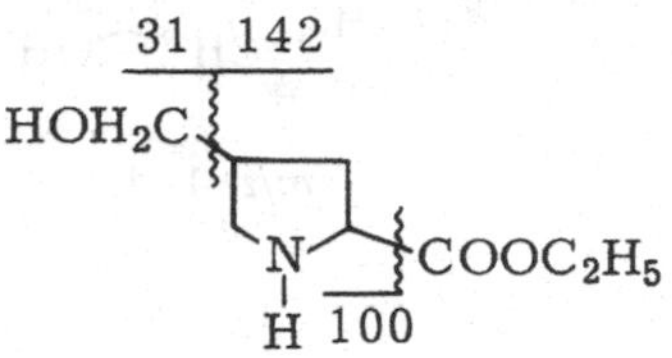

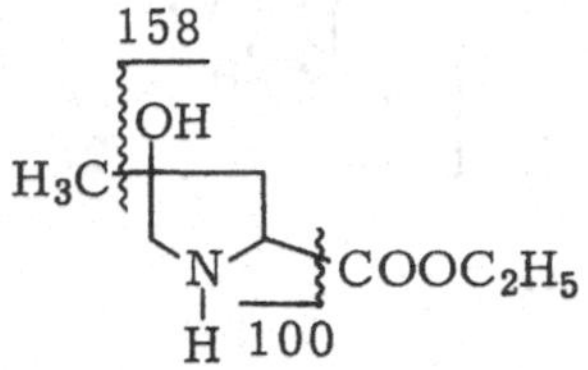

Aufgabe 34:

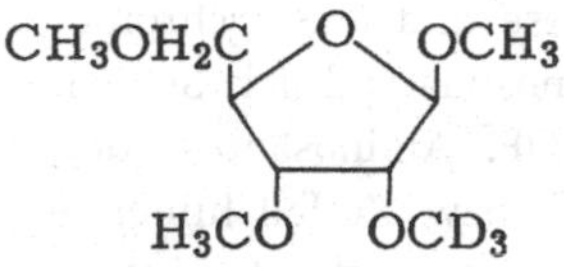

10 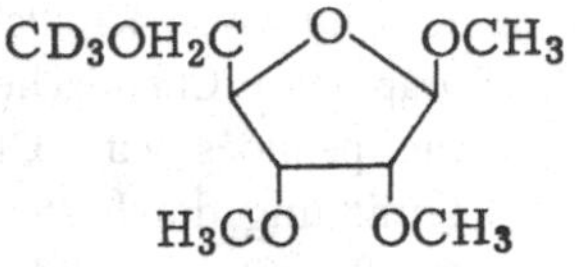   **11**

Aufgabe 35:

a) Eine OH-Gruppe an einem der Ringe würde zu m/z 287 (= 271 + 16) führen.

b) Eine OH-Gruppe an C-22 bis C-24 würde bei der Oxidation eine Keton ergeben. Das davon abgeleitete Ethylenketal würde zwei α-Spaltprodukte der Masse m/z 72 + R bzw. 72 + R' liefern.

c)

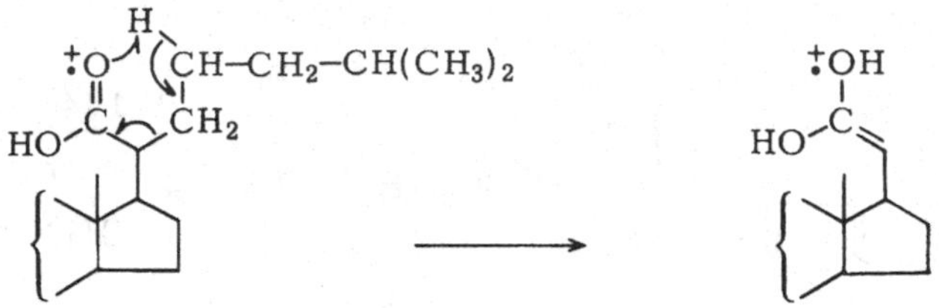

m/z 330

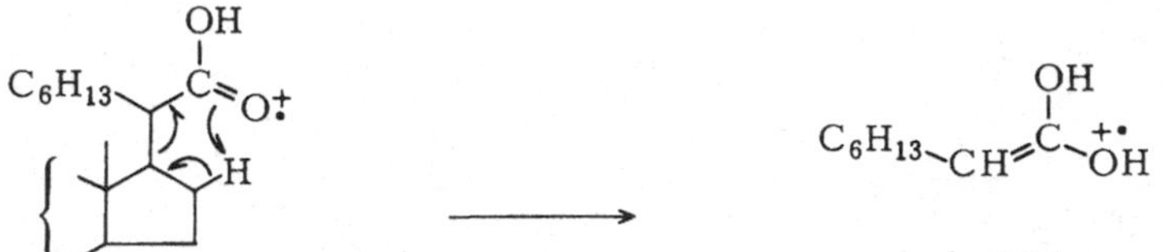

m/z 144

Zum Vorwort:

CZE-MS and LC-MS interfaces for APCI: Verbindungsteile für die Kopplung von Kapillarzonenelektrophorese und Flüssigchromatographie für Chemische Ionisation bei Atmosphärendruck. Sequencing peptides with CID/PSD MALDI-TOF. Aminosäuresequenzermittlung durch stoßinduzierten Zerfall bzw. Zerfall hinter der Quelle mit einem Flugzeitgerät nach matrixunterstützter Laserdesorption und -ionisation.

18

Spektren wichtiger Lösungsmittel, von Hahnfett sowie von abgegebenem GC-Säulenmaterial („Säulenbluten")

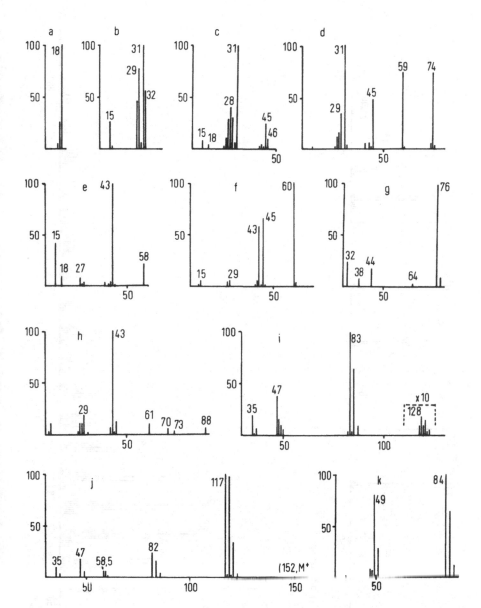

Abb. 81 EI-Massenspektren wichtiger Lösungsmittel: a) H_2O, b) CH_3OH, c) C_2H_5OH, d) $C_2H_5OC_2H_5$, e) CH_3COCH_3, f) CH_3COOH, g) CS_2, h) $CH_3COOC_2H_5$, i) $CHCl_3$ (bei $CDCl_3$ – von NMR-Messungen – sind die Ionen $CHCl^{+\bullet}$, $CHCl_2^+$ und $CHCl_3^{+\bullet}$ um 1 u verschoben), j) CCl_4, k) CH_2Cl_2, l) C_6H_6, m) Pyridin, n) Petrolether.

Massenspektrometrie, Fünfte Auflage. H. Budzikiewicz, M. Schäfer
Copyright © 2005 WILEY-VCH Verlag GmbH & Co. KGaA, Weinheim
ISBN: 3-527-30822-9

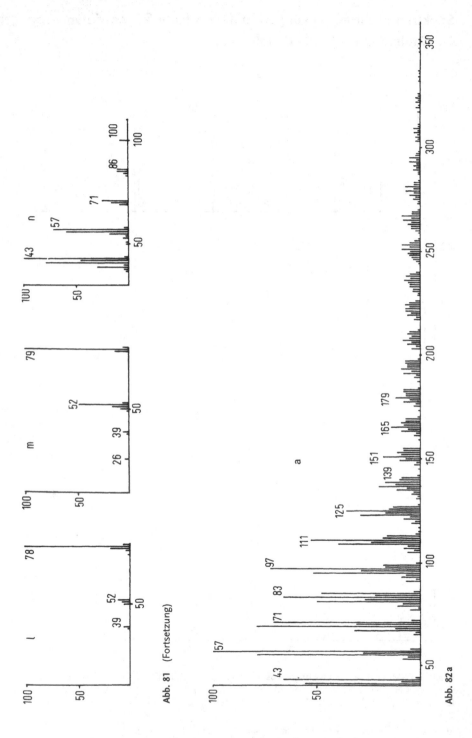

Abb. 81 (Fortsetzung)

Abb. 82 a

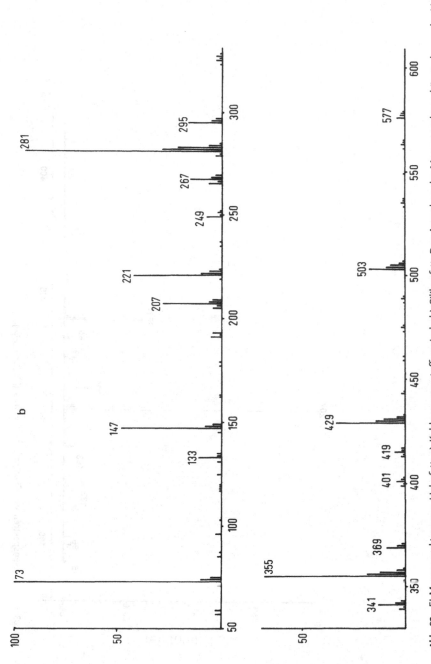

Abb. 82 EI-Massenspektren von Hahnfett: a) Kohlenwasserstoffgemisch, b) Silikonfett. Das Aussehen der Massenspektren hängt ab von der Herkunft und Herstellungsweise des hahnfettes und von der Messtemperatur (Gemischel). Man beachte die charakteristischen Isotopenmuster beim Silikonfett (Anzahl der Si-Atome).

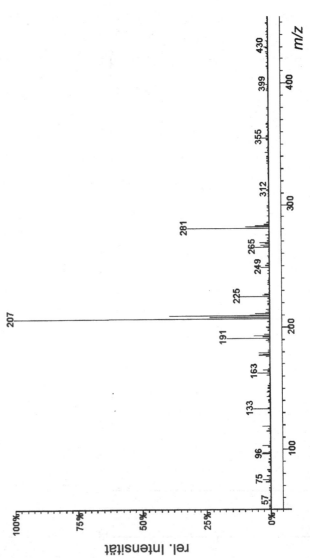

Abb. 83a El-Massenspektren von Säulenbluten: VF-5ms ([-Si(CH$_3$)$_2$-O-]$_n$.

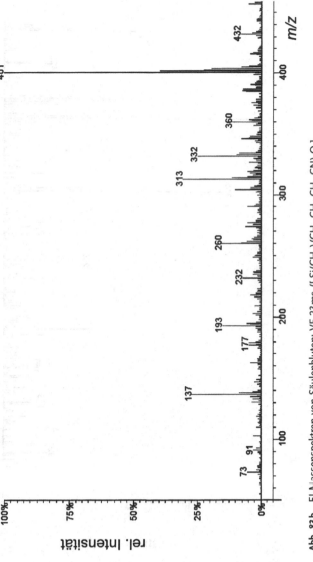

Abb. 83 b EI-Massenspektren von Säulenbluten: VF-23ms ([-Si(CH₃)(CH₂-CH₂-CH₂-CN)-O-]ₙ.

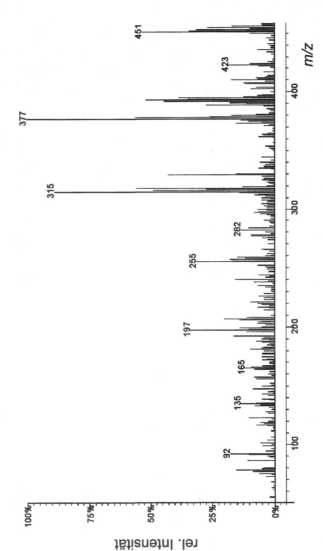

Abb. 83 c EI-Massenspektren von Säulenbluten: VF-35ms (65% [-Si(CH$_3$)$_2$-O-]$_m$, 35% [-Si(CH$_3$)(C$_6$H$_5$)-O-]$_n$. (Mit freundlicher Erlaubnis von Varian Deutschland GmbH, Darmstadt).

19
Literatur

1 *Pure Appl. Chem.* **37**, 469 (1974); **50**, 65 (1978); **63**, 541 (1991)
2 R.G. Cooks, A.L. Rockwood, The „Thomson". A suggested unit for mass spectrometrists. *Rapid Commun. Mass Spectrom.* **5**, 93 (1991)
3 H.-J. Hübschmann, Handbook of GC-MS, Wiley-VCH, Weinheim, 2001
4 P. Vouros, Chemical derivatization in gas chromatography-mass spectrometry, in „Mass Spectrometry", Dekker, New York, 1979, Bd. 2, S. 129; J.M. Halket, V.G. Zaikin, Derivatization in mass spectrometry – 1. Silylation. *Eur. J. Mass Spectrom.* **9**, 1 (2003); 2. V.G. Zaikin, J.M. Halket, Acylation, *Eur. J. Mass Spectrom.* **9**, 421 (2003); 3. J.M. Halket, V.G. Zaikin, Alkylation (arylation), *Eur. J. Mass Spectrom.* **10**, 1 (2004); 4. V.G. Zaikin, J.M. Halket, Formation of cyclic derivatives, *Eur. J. Mass Spectrom.* **10**, 555 (2004); weitere Artikel sollen folgen
5 M. Ende, G. Spiteller, Contaminants in mass spectrometry, *Mass Spectrom. Rev.* **1**, 29 (1982)
6 (a) H. Budzikiewicz, Zur Problematik der massenspektroskopischen Untersuchung organischer Verbindungen: Umwandlungen vor der Ionisierung, *Z. anal. Chem.* **244**, 1 (1969); (b) H.J. Veith, M. Hesse, Thermische Reaktionen im Massenspektrometer – Modellreaktionen zur Untersuchung thermischer Umalkylierungen, *Helv. Chim. Acta* **52**, 2004 (1969)
6a G.J. Van Berkel, An overview of some recent developments in ionization methods for mass spectrometry. *J. Mass Spectrom.* **9**, 539 (2003)
7 L. Vaek, H. Struyf, W.V. Roy, F. Adams, Organic and inorganic analysis with laser microprobe mass spectrometry, *Mass Spectrom. Rev.* **13**, 189 und 209 (1994)
8 C. Weickhardt, F. Moritz, J. Grotemeyer, Multiphoton ionization mass spectrometry: principles and fields of application, *Eur. Mass Spectrom.* **2**, 151 (1996)
9 (a) H.D. Beckey, Principles of Field Ionization and Field Desorption Mass Spectrometry, Pergamon, Oxford, 1977; (b) T.M. Schaub, C.L. Hendrickson, K. Qian, J.P. Quinn, A.G. Marshall, High-resolution field desorption/ionization Fourier transform ion cyclotron resonanace mass analysis of nonpolar molecules. *Anal. Chem.* **75**, 2172 (2003); (c) H.B. Linden, Liquid injection field desorption ionization: a new tool for soft ionization of samples including air-sensitive catalysts and nonpolar hydrocarbons. *Eur. J. Mass Spectrom.* **10**, 459 (2004)
10 A.G. Harrison, Chemical Ionization Mass Spectrometry, 2. Aufl., CRC, Boca Raton, 1992
11 H. Budzikiewicz, Negative chemical ionization (NCI) of organic compounds, *Mass Spectrom. Rev.* **5**, 345 (1986)

Massenspektrometrie, Fünfte Auflage. H. Budzikiewicz, M. Schäfer
Copyright © 2005 WILEY-VCH Verlag GmbH & Co. KGaA, Weinheim
ISBN: 3-527-30822-9

12   (a) H. Budzikiewicz, Structure elucidation by ion-molecule reactions in the gas phase: The location of C,C-double and triple bonds, *Fresenius Z. Anal. Chem.* **321**, 150 (1985) (b) H. Budzikiewicz, Reactions between substrate molecules and chemical ionization reagent gases prior to ionization, *Org. Mass Spectrom.* **23**, 561 (1988)

13   C. Fenselau, R.J. Cotter, Chemical aspects of fast atom bombardment, *Chem. Rev.* **87**, 501 (1987); (b) J. Sunner, Ionization in liquid secondary ion mass spectrometry (LSIMS), *Org. Mass Spectrom.* **28**, 805 (1993); (c) K.L. Bush, Desorption ionization mass spectrometry, *J. Mass Spectrom.* **30**, 233 (1995)); (d) M.V. Kosevich, V.S. Shelkovsky, O.A. Boryak, V.V. Orlov, „Bubble chamber model" of fast atom bombardment induced processes, *Rapid Commun. Mass Spectrom.* **17**, 1781 (2003)

14   (a) K. Vékey, L.F. Zerilli, Chemical reactions in fast atom bombardment mass spectrometry, *Org. Mass Spectrom.* **26**, 939 (1991); (b) G. Székeöy, J. Allison, If the ionization mechanism in FAB involves ion/molecule reactions, what are the reagent ions? *J. Am. Soc Mass Spectrom.* **8**, 337 (1997).

15   R.M. Caprioli, Continuous-flow fast atom bombardment mass spectrometry, *Anal. Chem.* **62**, 477A (1990)

16   R.J. Cotter, Plasma desorption mass spectrometry: coming of age, *Anal. Chem.* **60**, 781A (1988)

17   (a) M. Karas, R. Krüger, Ion formation in MALDI: the cluster ionization machanism, *Chem. Rev.* **103**, 427 (2003); (b) M. Karas, M. Glückmann, J. Schäfer, Ionization in matrix-assisted laser desorption/ ionization: singly charged molecular ions are lucky survivors, *J. Mass Spectrom.* **35**, 1 (2000); (c) R. Zenobi, R. Knochenmuss, Ion formation in MALDI mass spectrometry, *Mass Spectrom. Rev.* **17**, 337 (1998); R. Knochenmuss, R. Zenobi, Maldi ionization: the role of in-plume processes, *Chem. Rev.* **103**, 441 (2003).

18   H.J. Issaq, T.P. Conrads, D.A. Pietro, R. Tirumalai, T.D. Veenstra, SELDI-TOF MS for diagnostic proteomics. *Anal. Chem.* **75**, 149a (2003)

19   (a) S.J. Gaskell, Electrospray: principles and practice, *J. Mass Spectrom.* **32**, 677 (1997); (b) in *J. Mass Spectrom.* **35**, 761 ff. (2000) findet sich eine Reihe von Artikeln zu prinzipiellen Fragen zu ESI; (c) M. Wilm, M. Mann, Analytical properties of the nanoelectrospray ion source, *Anal. Chem.* **68**, 1 (1996); R. Juraschek, T. Dülcks, M. Karas, Nanoelectrospray – more than just a minimized-flow electrospray ionozation source. *Am. Soc. Mass Spectrom.* **10**, 300 (1999).

20   K. Yamaguchi, Cold-spray ionization mass spectrometry: principle and applications. *J. Mass Spectrom.* **38**, 473 (2003)

21   (a) P. Arpino, Techniques and mechanisms of thermospray, *Mass Spectrom. Rev.* **9**, 631 (1990); (b) J.B. Fenn, Von Molekularstrahl-Studien zur Elektrospray-Ionisations-Massenspektrometrie (Nobel-Vortrag), *Angew. Chem.* **115**, 3999 (2003)

22   A. Lodding, Secondary ion mass spectrometry, *Chem. Anal.* **95**, 125 (1988)

23   F.L. King, J. Teng, R.E. Steiner, Glow discharge mass spectrometry: Trace element determination in solid samples, *J. Mass Spectrom.* **30**, 1061 (1995)

24   J.S. Becker, H.-J. Dietze, Laser ionization mass spectrometry in inorganic trace analysis, *Fresenius J. Anal. Chem.* **344**, 69 (1992)

25   K.G. Heumann, Isotope dilution mass spectrometry (IDMS) of the elements, *Mass Spectrom. Rev.* **11**, 41 (1992)

26 W. W. HARRISON, D. L. DONOHUE, Spark source mass spectrometry, in: Treatise of Analytical Chemistry, 2. Aufl., Wiley, New York, 1989, S. 189

27 R. S. HOUK, Elemental and isotopic analysis by inductively coupled plasma mass spectrometry, *Acc. Chem. Res.* **27**, 333 (1994)

28 M. WIND, H. WESCH, W. D. LEHMANN, Protein phosphorylation degree: determination by capillary liquid chromatography and inductively coupled plasma mass spectrometry, *Anal. Chem.* **73**, 3006 (2001)

29 (a) M. GUILHAUS, Principles and instrumentation in time-of-flight mass spectrometry, *J. Mass Spectrom.* **30**, 1519 (1995); (b) B. A. MAMYRIN, Time of flight mass spectrometry, *Int. J. Mass Spectrom.* **206**, 251 (2001)

30 (a) D. E. CLEMMER, M. F. JARROLD, Ion mobility measurements and their applications to clusters and biomolecules, *J. Mass Spectrom.* **32**, 577 (1997); (b) J. I. BAUMBACH, Ionenbeweglichkeitsspektrometrie – Prinzip und Anwendungen. Nachr. Chemie **49**, 37 (2001)

31 P. E. MILLER, M. B. DENTON, The quadrupole mass filter: basic operation concepts, *J. Chem. Education* **63**, 617 (1986)

32 (a) R. E. MARCH, An introduction to quadrupole ion trap mass spectrometry, *J. Mass Spectrom.* **32**, 351 (1997); (b) R. G. COOKS, G. L. GLISH, S. A. MCLUCKEY, R. E. KAISER, Ion trap mass spectrometry, *Chem. Eng. News* 26 (25. 3. 1991)

33 (a) I. J. AMSTER, Fourier transform mass spectrometry, *J. Mass Spectrom.* **31**, 1325 (1996); (b) A. G. MARSHALL, C. L. HENDRICKSON, Fourier transform ion cyclotron resonance detection: Principles and experimental configurations, *Int. J. Mass Spectrom.* **215**, 59 (2002)

34 J. S. VOGEL, K. W. TURTELTAUB, R. FINKEL, D. E. NELSON, Accelerator mass spectrometry, *Anal. Chem.* **67**, 353A (1995)

35 M. WARNER, The shroud of Turin, *Anal. Chem.* **61**, 101A (1989)

36 (a) I. V. CHERNUSHEVICH, A. V. LOBODA, B. A. THOMSON, An introduction to quadrupole-time-of-flight mass spectrometry. *J Mass Spectrom* **36**, 849 (2001); (b) H. STEEN, B. KÜSTER, M. MANN, Quadrupole time-of-flight versus triple quadrupole mass spectrometry for the determination of phosphopeptides by precursor ion scanning, *J. Mass Spectrom.* **36**, 782 (2001); (c) H. STEEN, B. KÜSTER, M. FERNANDEZ, A. PANDEY, M. MANN, Detection of tyrosine phosphorylated peptides by precursor ion scanning quadrupole TOF mass spectrometry in positive ion mode, *Anal. Chem.* **73**, 1440 (2001)

37 (a) J. R. CHAPMAN, Application of computers in mass spectrometry. *Mass Spectrometry* **10**, 118 (1989); (b) K. K. MURRAY, Internet resources for mass spectrometry, *J. Mass Spectrom.* **34**, 1 (1999)

38 (a) R. G. COOKS, J. H. BEYNON, R. M. CAPRIOLI, G. R. LESTER, Metastable Ions, Elsevier, Amsterdam, 1973; (b) H. BUDZIKIEWICZ, R. D. GRIGSBY, Half protons or doubly charged protons? The history of metastable ions. *J. Am. Soc. Mass Spectrom.* **15**, 1261 (2004)

39 B. SPENGLER, Post-source decay analysis in matrix-assisted laser desorption/ionization mass spectrometry of biomolecules, *J. Mass Spectrom.* **32**, 1019 (1997)

40 E. DE HOFFMANN, Tandem mass spectrometry, *J. Mass Spectrom.* **31**, 129 (1996)

41 L. SLENO, D. A. VOLMER, Ion activation methods for tandem mass spectrometry. *J. Mass Spectrom.* **39**, 1091 (2004)

42 (a) C. CHENG, M. L. GROSS, Applications and mechanisms of charge-remote fragmentation, *Mass Spectrom. Rev.* **19**, 398 (2000); (b) W. J. GRIFFITH,

Tandem mass spectrometry in the study of fatty acids, bile acids and steroids, *Mass Spectrom. Rev.* **22**, 81 (2003).

43 H.U. Schlunegger, Nachweis von Fragmentionen im Massenspektrometer: DADI- Massenspektrometrie als Hilfsmittel zur Strukturanalys organischer Verbindungen, *Angew. Chemie* **87**, 731 (1979)

44 M.L. Gross, Accurate masses for structure confirmation, *J. Am. Soc. Mass Spectrom.* **5**, 57 (1994)

45 H. Budzikiewicz, Massenspektroskopische Analyse komplexer Gemische, *GIT Fachz. Lab.* 245 (1990)

46 B.J. Millard, Quantitative Mass Spectrometry, Heyden, London, 1978

47 (a) W.M.A. Niessen, A.P. Tinke, Liquid chromatography-mass spectrometry. General principles and instrumentation, *J. Chromatogr., A* **703**, 37 (1995); (b) C. Siethoff, W. Wagner, M. Schäfer, M. Linscheidt, HPLC-MS with an ion trap mass spectrometer, *Chimia* **53**, 484 (1999)

48 M. Otte, Analytische Chemie, 2. Aufl., Wiley-VCH, Weinheim, 2000

49 F.H. Field, J.L. Franklin, Electron Impact Phenomena, Academic, New York, 1970

50 H. Budzikiewicz, Suggestions for the use of symbols and abbreviations in papers dealing with topics in organic mass spectrometry, *Org. Mass Spectrom.* **2**, 249 (1969)

51 H.E. Audier, Sur la répartition de la charge positive entre fragments proveniant de même rupture, *Org. Mass Spectrom.* **2**, 283 (1969)

52 T. Björnholm, S. Hammerum, D. Kuck, Distonic ions as reacting species, *J. Am. Chem. Soc.* **110**, 3862 (1988)

53 S. Hammerum, Distonic radical cations in gaseous and condensed phase, *Mass Spectrom. Rev.* **7**, 123 (1988)

54 D.J. McAdoo, Ion-neutral complexes in unimolecular decompositions, *Mass Spectrom. Rev.* **7**, 363 (1988)

55 D.G. Kingston, J.T. Bursey, M.M. Bursey, The McLafferty rearrangement and related reactions, *Chem. Rev.* **74**, 215 (1974)

56 M. Hesse, H. Meier, B. Zeeh, in: Spektroskopische Methoden in der organischen Chemie, 6. Aufl., Thieme, Stuttgart, 2002.

57 T.H. Cairns, E.G. Siegmund, T.L. Barry, G. Petzinger, Potential misidentification of trichlorophenylethanol in imported peppers, *Rapid Commun. Mass Spectrom.* **4**, 58 (1990)

58 H. Budzikiewicz, Massenspektroskopische Analyse ungesättigter Fettsäuren, in: Analytiker-Taschenbuch, Bd. 5, Springer, Berlin, 1985, S. 135ff

59 F. Turecek, V. Hanus, Retro-Diels-Alder reaction in mass spectrometry, *Mass Spectrom. Rev.* **3**, 85 (1984)

60 H.M. Grubb, S. Meyerson, Mass spectra of alkyl benzenes, in: Mass Spectrometry of Organic Ions, Academic, New York, 1963, S. 453ff

61 D. Kuck, Mass spectrometry of alkyl benzenes and related compounds, *Mass Spectrom. Rev.* **9**, 187 und 583 (1990)

62 H. Schwarz, Some newer aspects of mass spectrometric *ortho*-effects, *Top. Curr. Chem.* **73**, 231 (1978)

63 P. Brown, J. Kossanyi, C. Djerassi, Aliphatic epoxides, *Tetrahedron* Suppl. **8/1**, 241 (1966)

64 K. Biemann, St. A. Martin, Mass spectrometric determination of the amino acid sequence of peptides and proteins, *Mass Spectrom. Rev.* **6**, 1 (1987)

65 T. Radford, D.C. DeJongh, Carbohydrates, in: Biomedical Applications of Mass Spectrometry, Wiley, New York, 1990, S. 313

66 H. Budzikiewicz, Steroids in G. R. Waller (Herausg.), *Biochemical Applications of Mass Spectrometry*, Wiley, New York, S 251 (1972) und S 211 (Ergänzungsband 1980).

67 F. Turecek, Stereochemistry of organic ions in the gas phase, *Coll. Czech. Chem. Commun.* 52, 1928 (1987)

68 Eine vollständige Liste findet sich in *Pure Appl.Chem.* 75, 683 (2003).

Sachregister

Für hier nicht erwähnte Fachausdrücke, Akronyme und Abkürzungen siehe die Kapitel 13 und 14.